我们一起解决问题

假努力

方向不对，一切白费

滑洋 著

人民邮电出版社
北 京

图书在版编目（CIP）数据

假努力 : 方向不对，一切白费 / 滑洋著. -- 北京 : 人民邮电出版社，2024.4 (2024.6重印)
ISBN 978-7-115-63843-4

Ⅰ. ①假… Ⅱ. ①滑… Ⅲ. ①成功心理－通俗读物 Ⅳ. ①B848.4-49

中国国家版本馆CIP数据核字(2024)第046980号

内容提要

你是一个很努力生活，却一直被生活“亏待”的人吗？你是一个给自己定下了很多远大的目标，最后却总是不了了之的人吗？你是一个越是努力，结果却越是不理想的人吗？

不是努力错了，而是你努力的方向错了。这本书从 3 个方面、17 个角度带你发现“努力与回报不成正比”的原因。通过本书，读者可以了解各个方面、各个角度的“假努力”的表现和感受，是什么导致了“假努力”，以及我们应该采取什么措施应对它们，等等。此外，针对每一种“假努力”的问题，作者都精选了几本适合读者阅读的书籍，期待读者可以彻底走出“假努力”的陷阱。

本书适合所有认为自己越是努力、结果却越是不理想的人，希望大家阅读后可以摆脱自卑、收获自信，为更好的生活努力下去。

◆ 著 滑 洋
责任编辑 姜 珊
责任印制 彭志环
◆人民邮电出版社出版发行 北京市丰台区成寿寺路 11 号
邮编 100164 电子邮件 315@ptpress.com.cn
网址 https：//www.ptpress.com.cn
北京天宇星印刷厂印刷
◆开本：880×1230 1/32
印张：8 2024 年 4 月第 1 版
字数：150 千字 2024 年 6 月北京第 3 次印刷

定 价：59.80 元
读者服务热线：（010） 81055656 印装质量热线：（010） 81055316
反盗版热线：（010） 81055315
广告经营许可证：京东市监广登字20170147号

序言

不怕不努力，就怕假努力！

你是一个很努力生活，却一直被生活“亏待”的人吗？起得比别人早，睡得比别人晚，而成绩却很平庸。拼命想要自律，最后却焦虑到“摆烂”。抑或是给自己定下了很多远大的目标，最后却总是不了了之。说你不努力，那是冤枉人，但是为什么你越是努力，结果却越是不理想呢？

人际关系也是如此，你努力，并且希望别人能够满意，换来的却是别人的“忘恩负义”。你尽自己所能关心他人，对方却责怪你不理解他。你努力想找到那个对的人，可是“灵魂伴侣”却始终没有出现。“为什么我的命这么不好，总是遇人不淑呢？”

而对于一个努力提升认知的“终身成长者”来说，他可能会困惑：“我也在努力提升认知，为什么我的认知却没有‘变现’？我也在努力提升自己，可为什么还是如此自卑？我也在努力解决问题，但问题为什么越解决越多？”

好了好了，我知道你有满肚子的委屈、满脑子的疑惑。这本书马上就会带你发现自己“努力与回报不成正比”的那些原因。

不是努力错了，而是你努力的方向错了，用一个成语概括就是“南辕北辙”。比如说，你希望能够自律，但是自律需要的是什么呢？是安宁祥和的心理空间。而你做的又是什么呢？是自我PUA：“你看看你，又刷了半个小时手机！”“你今晚再累，也要学到12点才能睡觉！”有限的心理空间全部被内耗掉了，怎么可能还有力气来自律呢？

再比如说，你想摆脱自卑、收获自信，你需要的是什么呢？建立一种自我肯定感，就是：“不论外界的评价与现实如何，我都能接纳自己、爱自己。”而你做的是什么呢？通过考各种证书不断证明自己有能力、通过讨好别人来获得爱，这不是南辕北辙吗？你在做的不是无条件地爱自己，而是在给自爱附加很多条件：我一定要考上名牌大学才足够好；我一定要在为人处事上受到大家的一致好评，才值得被爱……

不怕不努力，就怕假努力！这就是你做了那么多“努力”却没有得到应有回报的原因。所以，在这本书里我想做的也只是，在你开始因为被生活“亏待”而从此怨天尤人之前，能够拉你一把，让你看到，生活从没有亏待你，努力也从来不会没有结果。你努力生活的姿态很美，请一直为更好的生活努力下去，你需要的可能只是一条更“便捷”的道路而已。

目录

第 1 章

工作学习中，天道未必酬勤，“无用功”让你和目标背道而驰

第 3 章

提升认知时，量变未必质变，“方向错了”“内核不稳”，一切白费

第1章

工作学习中，天道未必酬勤，『无用功』让你和目标背道而驰

我不是为了显得努力，我是要通过努力达成自我提升的目标。
那我的目标是什么呢？

紧盯目标，而不是死磕努力！

01 出工不出力式假努力：

我明明是更努力的那个人，为什么结果总是不如别人呢

紫妍一直是一个非常勤奋的女孩。上学的时候，紫妍每天早上 5 点就起来读英语，一度引起了舍友的不满与嫉妒。课程笔记记得工工整整，是全班同学都想要借来复印的那种。图书馆不关门不走，宿舍熄灯了还要拉着桌子去走廊里学上两个小时。是大家口中名副其实的“学霸”。

紫妍一直坚信，付出就会有回报。求学的路上，因为自己的努力，她从未遇到过什么特别大的困难。中等偏上的成绩、说得过去的大学，似乎已经是对她努力的回报了。直到她遇到了舍友娜娜。

舍友娜娜人很好，但是在紫妍看来惰性强、不够努

力。不仅从来没去过图书馆，而且下了课还经常宅在床上看网络小说。然而，在学期末紫妍因为与奖学金失之交臂而伤心不已的时候，她惊讶地发现娜娜竟然是一等奖学金的获得者！

“她一定用了不正当的手段！”紫妍愤愤不平地想。

后来，紫妍参加了工作，她仍然是单位里最努力的那个人。早上第一个到单位，对于加班的要求有求必应，被同事不怀好意地称为“卷王”。然而，不顾生活、没有社交地努力工作了5年后，同龄的朋友们已经陆续晋升，她却仍然是那个混得不怎么样的小职员。

“我明明是更努力的那个人，但为什么我总是得不到应有的回报呢？”紫妍不得不开始反思，是不是自己的努力方式错了呢？

现象剖析

态度很端正，从未有进步

你在生活里遇到过“不学习就能拿奖学金的娜娜”“不努力就能晋升的同龄人”吗？我遇到过，而且不止一次。开始的时候我和你一样既愤愤不平又觉得不可思议，心想：凭什么呀，我比他努力多了！但是仔细观察之后我不得不得出结论：别人的成功是有道理的，如果起得早就能得奖学金，公鸡早就发家致富了！只会“假努力”，就怪不得我起早贪黑却总是得不到理想的结果。

一说“努力”，人总是很容易进入一种“表演”状态。别人都在睡觉的时候，我已经起来读英语课文了，你看我多努力！别人都去看电影了，就我还在写报告，你看我多敬业！别人感不感动先不说，反正我自己是感动了。要是被老师夸一句“勤奋”、被领导问一句“辛苦”，那就更不得了了！就好像努力不是为了自己有所成长，而是为了被贴上“努力”的标签，从此心安理得一样。

为什么这么说呢？我们反思一下自己的状态就会发觉，所谓的“努力”往往是“出工不出力”的。虽然每天早上六点你都起来读英语，但是你的计划从来都是“读一个小时英语”，而不是让自己的发音达到某种程度。也就是说，从早上六点到七点，读来读去你的发音还是“古得猫宁”，从来没想过自己可以读出“good morning”，这哪里是学英语呀？这只能等同于晨练，属于体力活！好好的自我提升机会，却被我们搞得像是为老板打工一样：“哎呀，看到自己在用功，我就放心了。”心情相当于上下班打卡成功，计时工资总算成功收入腰包。

当然，这不仅仅是只知道重复、不知道精进的问题。很多时候，对“努力”的迫切需要，让我们没有时间搞清楚，自己最终要说出来的到底是“good morning”还是“古得猫宁”，就开始分秒必争地读了起来。就好像你根本不知道一首歌的旋律，就迫切地开始按照五线谱按键盘，生怕浪费一分钟一样，这是非常困难又低效的。

更有甚者，为了能够持续“努力”、保持“高效”，而不是浪费时间，在遇到问题的时候总是选择回避，而不是解决问题。这个报告里的关键词该怎么提炼呢？哎呀，不会，算了，提炼太浪费时间了，赶紧努力做完才是关键。这个演示文稿的动作该怎么添加呢？哎呀，太难了，算了，学习太浪费时间了，就这样也没人看得出来。于是，为了能够持续“努力”，你放弃了在问题面前一次次学习和提升的机会，看似完成了大量的工作，本质上却是在原地踏步。

现在你知道为什么自己明明是更努力的那个人，结果却总是不尽人意了吧？出工不出力，只求“努力”的好名声，不求实质性进步的“假努力”实在是非常可怕的。

你可以这样改变

外在目标内在化，模糊目标具体化

1. 外在目标内在化：走出“自我感动”，建立内在成长目标

那要如何走出“假努力”呢？简单来说，就是拥有“内在成长目标”。当我们进行自我感动式的假努力时，其实我们也是有目标的。我想要奖学金、我想要晋升、我想要成功。但是这些目标，本质上是外在的。正因为这些目标是外在的，我们就很容易进入一种事不关己、出工不出力的状态。

所以，如果想要自己的努力有成效，那么设立一个和自己关系非常强的内在成长目标就非常重要。比如说，把读一个小时英语的“假努力”，变成让自己的发音与音频

里的发音一模一样的“真成长”。一下子，你的目标就从外在的时间流逝，变成了内在的自我提升。同时，当你这样设定目标的时候，自然就会去弄清楚，自己真正要发出的音是什么。自然就会去解决问题，而不是不断绕开困难，原地踏步。以“从新手到大师”为理念的经典书籍《刻意练习》中提到的：“有目的地练习、建立心理表征，其实本质上都是在帮助我们建立内在成长目标。”

2. 模糊目标具体化：设定内在成长目标的关键

然而问题来了——“我想要成为什么？我的内在成长目标到底是什么呢？”很多时候，人们很厌烦谈论“你的目标是什么”。小时候老师让我们制定学习目标，长大后又要制定人生目标，“这不就是我要当科学家、我要考第一名嘛，无不无聊！”还有很多人看似拥有目标：“我要成功、我要出人头地！”可是当你问他“成功”是什么意思的时候，他又说不出来了。当然，还有我们刚刚说到的“假努力”群体，他们制定的目标也算具体：晋升、得奖学金！可是这些目标就算实现了，好像和自己也没关系，实现目标就像给老板打工，给父母挣面子！而实际上，目标对一个人的成长是至关重要的。这种目标可以是你要取得什么，但更重要的是你要成为谁！你的目标不仅要具体，更要让你找到一种实现目标的责任感。

为什么具体的目标对一个人的成长至关重要？举一个简单的例子，如果你只知道中午要吃饭，却不知道中午要吃什么，也就是没有具体的目标，你就会感到迷茫。喝粥？太清淡！吃汉堡？太油腻！烤肉？店太远！既然选择不了，那不如拿出手机来打一局游戏吧！然而等你打完了游戏，你发现正好到了用餐高峰期，粥铺人满为患，又打不到车去远一点的地方吃烤肉，于是你不得不找了一家又近又没有什么人光顾的饭馆，吃上一顿很不令人满意的午饭。

人生也是如此，如果你只知道自己要有所成就，而不知道自己具体要成为什么，你就会迷茫且没有动力。当个老师？也太多人做这行了，竞争太激烈！成为一名宇航员？我的年纪太大了吧！既然不知道选择什么，那不如拿出手机先打一局游戏吧！人生还不像吃午饭，不吃会觉得饿，所以打完一局游戏还可以再打第二局，“反正人生还长着呢！”这样荒废下去的最终结果就是浑浑噩噩地过日子。当然，打游戏还可以被替换成没头苍蝇一样的“假努力”，既然我不知道自己想成为什么，那就先让我“努力”起来吧。最终的结果可能还不如打游戏，你把自己折腾得身心疲惫却还是在浑浑噩噩过日子。

然而如果你能有一个具体的目标，不论它是什么，赚100万元也好，赚100元也好，当科学家也好，当清洁工也好，一切都会不同。因为你只有在生活中拥有了明确的目标，才能不断发现周遭可能帮助你实现目标的线索，并最终取得成功。每一步都在前进，而不是原地打转。

这就好像如果你给自己设定捡100个矿泉水瓶才能回家的目标，那么你的目光就会在大街上搜索矿泉水瓶，捡不到100个，起码也能捡到10个。然而，如果你没有具体的目的，只有一个要“赚钱”的模糊概念，那么你的眼睛就只会东看看西瞅瞅，而忽略掉矿泉水瓶的存在，也就是机会的存在。最终看了不少热闹，却连一个矿泉水瓶都捡不到。

袁黄在《了凡四训》中通过自己的亲身经历告诉儿子，如果一个人想要改变命运、实现目标，就必须要向神灵说出自己的“所求”，这样神灵才会帮助你。其实神灵会不会帮助我们呢？我不知道，但可以肯定的是，当一个人向神灵有所求的时候，他自己也就清楚了自己的人生目标。如果这个人又能够在生活中积极去“配合”神灵实现它的话，结果就必然是喜悦与成功。

在开始努力之前，先搞清楚自己想要成为什么、想要取得什么，紧盯“目标”而不是死磕“努力”，才是永恒的真理。

我明明是更努力的那个人，为什么结果总是不如别人呢

☼ 本节导图

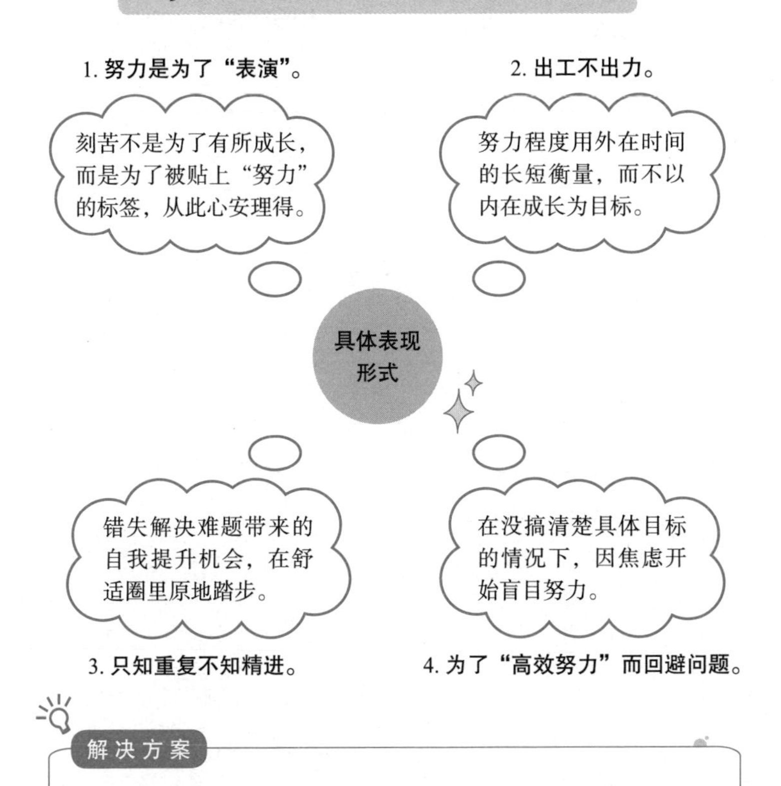

解决方案

☆ 1. **外在目标内在化：** 走出“自我感动”，建立内在成长目标。

☆ 2. **模糊目标具体化：** 紧盯“目标”而不是死磕“努力”。

推荐阅读

［美］安德斯·艾利克森（Anders Ericsson）《刻意练习》（*Peak: Secrets from the New Science of Expertise*）

［明］袁了凡《了凡四训》

允许自己“不自律”，因为深信自己的内在动力！

02 自我内耗式假努力：

越是迫切想要“自律”，就越是焦虑到“摆烂”

铭泽参加工作三年了，作为一名名牌大学毕业的研究生，却每天被派去做一些没名堂的杂活。“今天有个专家来，你去跟一下吧，帮忙定个酒店！”“明天部门开大会，你去会场照看一下吧！”这种没有成长空间的工作状态令他一直处于郁郁不得志的心境中，但是又苦于没有机会改变现状。

说来也巧，铭泽通过关系好的同事得知，企业里的“好部门”最近在招人，只要通过选拔考试，换个更好的平台，不仅不用继续打杂，工资收入还会提升。于是，铭泽迅速投入备考之中，“一定要通过这次选拔改变现状，下一次机会还不知道是什么时候呢！”

铭泽买了学习教材！报名了线上课程！也没空去健身房了！将学习计划表排得满满当当！

然而铭泽发现，自己的自控力简直糟糕透了！原本计划中午看的视频课程，拖到了晚上还是不想看。原本计划好了每天做一页题，可坚持了5天便不了了之。更可怕的是，一坐下来学习就想看手机。为了自律，铭泽把手机锁在了柜子里，但不知怎么，没一会儿手机又被自己从柜子里拿出来，一看就是半个小时。

“我为什么这么不自律！”“本来计划这半个小时学英语的，结果看了手机，耽误了这么久，这下所有计划都完不成了！”“这点自控力都没有，也不怪总是我被安排去做杂活，可能我就配做这些！”

结果，原本每天还能“不自律”地完成大部分学习计划的铭泽，这下却因为“一定要自律”带来的焦虑而彻底学不下去了！

现象剖析

自控力不是创造出来的，而是释放出来的

自控力可以说是每个人都想拥有的东西。不说追求上进的白领、面临大考的学生，就算是不求上进的普通人，也总要有点自控力来进行健康饮食、规律锻炼，这样才能身体健康、幸福生活。

然而，怎么才能拥有自控力，却常常令人头疼。不说刻苦学习还好，一说要刻苦学习，就“拖延症”发作。不说努力上进还好，一说要努力上进，手机屏幕使用时间就直线上升。不说节食减肥还好，一说节食减肥就特别管不住自己的嘴。越想要“自律”就越是“做不到”，这是怎么回事呢？

其实，自控力不是创造出来的，而是释放出来的！想要通过自控实现目标，重点在于“释放你的心智空间”，简单说就是你要将有限的精力都用在真正的行动、努力、

学习上。但是，当你努力要自控、不停与自己的毅力死磕的时候，其实却是把很大一部分本可以用于行动的精力，用在了“一定要自律”的提心吊胆和“我为什么不够自律”的自我批评上，进入了自我内耗式假努力。你到底是要行动还是要自控呢？这总要在“努力”前先搞清楚才行。

我们现在再来具体说说“释放你的心智空间”。《稀缺》这本书探讨过一个非常深刻而有意思的话题，“穷人为什么贫穷呢？他们为什么总是无法做出明智的决定？是因为他们智商低或者受教育程度不足吗？”通过观察与分析，研究者发现，穷人之所以总是把事情搞砸，并不是因为他们“蠢笨”，而是因为他们生活里有太多的烦恼，而这些烦恼占据了他们的心智空间，从而令他们没有足够的心智“带宽”来做出明智的决策。

简单来说，一个穷人和一个富人都想要为家里购买一个烤箱。富人只需要走进商场、选一个心仪的烤箱、支付，并将它带回家就好了，这占用不了多少“带宽”，他还有大把的心智空间来工作、处理问题。但是对于穷人来说，情况就大不相同了。他会考虑，“如果我买了烤箱，我这个月就要拖欠房东的房租了，房东一定会对我冷言冷语，让我难受。当然这也怪不得他，毕竟是我没有遵守约定。但是旧烤箱已经坏了，不买的话做饭就很不方便。”左也难受、右也难受，穷人的“带宽”已经被这件烦心事占满了，留给他处理问题的心智空间所剩无几，更何况令他烦恼的事情又何止这一件呢？于是，当一个工作或问题需要他处理的时候，他通常表现得很不明智，似乎永远无法做出正确的决策。

同样，当我们太想自律的时候，必然会陷入烦恼，从而进入“带宽”不足、自律无能的状态。一方面，你总是想着要自律这件事本身就会占用你的精力。就好像吃饭的时候你不好好品尝美食，反而不停地告诉自己“要好好吃饭！要好好吃饭！”一样，这样不消化不良才怪呢。另一方面，如果你有一天没达到自己设定的自律目标，那么你就会自我谴责：“我做事真没常性！半途而废！朝三暮四！吊儿郎当！”陷入懊悔不已、羞愧难当的状态，你哪里还有心思去行动呢？

人的天性就是爱玩，不自律是必然出现的结果，更何况很多时候你给自己制定的“努力计划”也实在是太苛刻了一些，机器还得休息休息充充电，何况我们呢？也就是说，当你太努力要自律的时候，结果往往是进入不自律的必然里。

你可以这样改变

“以退为进，以迂为直”

1. 放下“必须自律”的执念，建立“不自律”的自我预期

那自律要去哪里找呢？学习时间管理方法？每天开展自我批评？显然这都不是什么好方法，因为这些只会占用你的心智空间，而非释放。

从无法自控到自律，你需要的不是掌握什么新的技能，而是学会“放下”。首先要放下的，就是“我必须自律”的执念，建立“不自律”的自我预期。

也就是从“我必须早上 6：00 起床，吃饭只能用 20 分钟，不能磨磨蹭蹭，6：30 开始奋发图强，不看手机、不闲聊，注意力高度集中……一直努力到晚上 10：00！”这种

自己逼自己的状态里走出来，做出“我就是会不自律”的自我预期。只要你知道“我就是会不自律，这很正常”，你就不会总是担心自己是不是自律，更不会就因为看了一会儿手机，就觉得自己是“垃圾”，在大脑里将不自律的自己拉去“游街示众”，从而陷在自责的情绪里出不来了。

你可能会问：“天呀，那我岂不是会一事无成？”你之所以会这么问，说明了两个问题：第一，你还是没搞清楚自己到底是要“努力”还是要“自律”；第二，你太不信任自己了。

“我就是会不自律”不等于“我要不自律”，而是说，“当我不自律的时候，我知道这很正常，我再把自己拉回来继续努力就是了。”说好了要学习，结果看了半个小时手机。“没关系，看完了就回来继续学习呗。”与其批评自己、陷入内耗，不如好好利用接下来的时间。毕竟我们的目标是努力与成长，而不是自律本身。

2. 摆脱内在监督者，释放自我成长力

你为什么觉得失去了“我一定要自律”的强制力，自

己就会失去努力的动力呢？原谅我用一个比较粗陋的说法，这是因为你被别人管习惯了，从没体验过什么叫内在动力。

你相不相信，人本身就是追求成长的呢？不用别人强制，人就会自然而然地努力，让自己变得更好、能力更强、生活更幸福？如果你从来没有这种信念，那么是时候该建立它了。

不要问这是“真的”吗？我不想在这里罗列很多心理学研究的文献来支撑这个理论，我只说，相信本身就会让你“得救”。我信任自己生生不息的本能，所以我不用在我的内心分化出两个自己，一个强制者说：“你必须自律，不自律你就是个失败者。”一个被强制者说：“自不自律是我的事，谁要你管！”从而不断内耗。

很多心理学实验也告诉我们，当一个人被内在力量驱动的时候，是远比被外在力量驱动时高效得多的。“我喜欢自律与努力”是比“我必须自律与努力”高效得多的信念。留意努力过后的成就感，虽然暂时没有结果，但是你可以告诉自己“我今天又向前走了一步”，这些都是很好的建立内在驱动力的方式，都是可以让你更信任自己、走出自我内耗式假努力的简单可行的方法。

3. 用松弛感打开自律的大门

“释放心智空间”还有一些辅助手段。比如说，运动！你在运动之后是不是会觉得神清气爽、烦恼全消？那就去做吧！比如说，冥想！将注意力放在呼吸这件事上10分钟，然后你自然会感到注意力集中、内耗消失。再比如说，亲近大自然、洗个热水澡、把手机关掉享受无社交生活、和家人在一起、与小动物玩耍！

我相信你比我知道更多的方法，最重要的是你开始知道，要想打开自律的大门，钥匙不在“自律”上面。既然不在这里，那就退一步，去其他地方找一找。就好像你想打开“赚钱”的大门，钥匙从来不会在“赚钱”上一样，退一步，想一想我可以为别人提供些什么，可能就豁然开朗了。

“以退为进、以迂为直”，在努力中来点“松弛感”而不是死磕“自律”，往往才能事半功倍。

☼ 本节导图

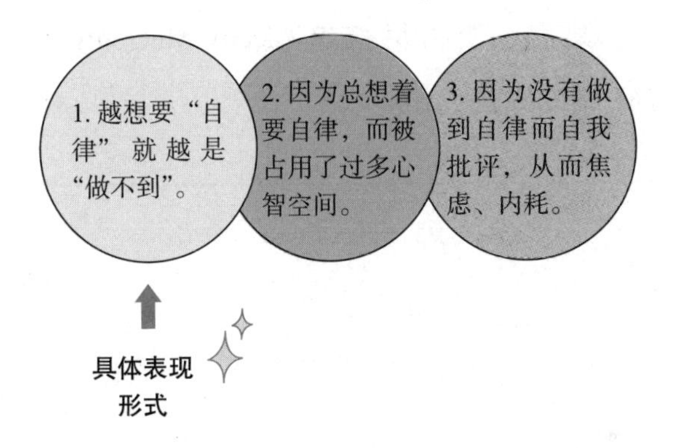

解决方案

☆ 1. 放下“必须自律”的执念，建立“不自律”的自我预期。

☆ 2. 摆脱内在监督者，释放自我成长力。

☆ 3. 用松弛感打开自律的大门。

［美］塞德希尔·穆来纳森（Sendhil Mullainathan）、埃尔德·沙菲尔（Eldar Shafir）《稀缺》（*Scarcity: Why Having Too Little Means So Much*）

［美］凯利·麦格尼格尔（Kelly McGonigal）《自控力》（*The Willpower Instinct*）

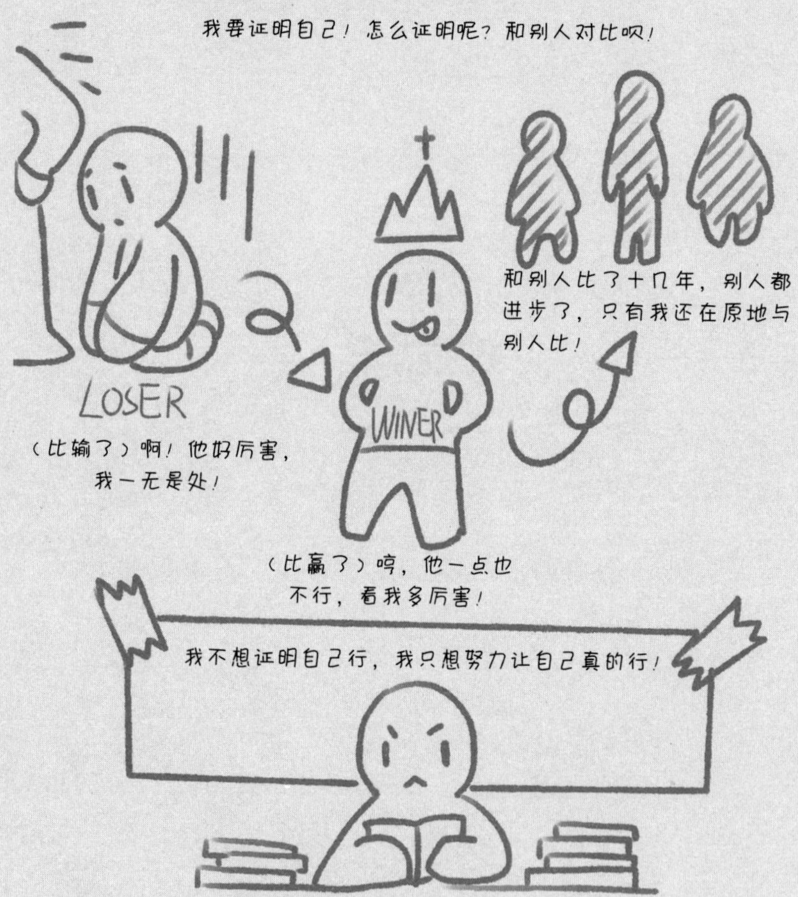

不与他人对比，专心精进自己！

03 自我证明式假努力：

拼命想证明自己“行”，
却越对比越“打脸”

雅琳虽然外表看起来温文尔雅，遇事不争不抢，可是内心却是要强的。做事完美主义，渴望证明自己。

读本科的时候，她埋头努力学习，想要保研。刻苦四年，最终却没能如愿。这让她备受打击。“我就是什么都做不好，我就是笨，就是不如别人，我就是不行，我一定是小时候没有打好基础，大三寒假我还跑出去玩，为什么就不能更刻苦一些呢？”在保研失败、不得不准备考研的日子里，她几乎每天都在想这些。雅琳越想越对自己失望，越想越无地自容，最后本来成绩不错的她，统考成绩连面试线都没有过。

幸运的是，雅琳凭着大学文凭，找到了一份非常理想的工作。可是工作后她发现职场上卧虎藏龙。在某次青年员工演讲比赛上，她本来想借此机会展示一下自己的风采、得到领导的赏识，可没想到每个人的演讲都内容实际又不失幽默。相比之下，自己那种煽情加喊口号式的演讲模式真是弱爆了！“哎呀，太丢人了，简直和别人不在一个水平嘛！雅琳呀雅琳，大学四年你都干什么去了，就知道埋头学习，根本就没想过提升一下自己的演讲能力，你这就是学生思维！幼稚！”

从此，雅琳在单位里总有些抬不起头来，觉得自己不如别人，未来肯定是机会渺茫了。于是，遇到挑战，雅琳也不敢向前，并开始逐渐纠结自己是不是应该换一份工作。

现象剖析

努力证明“优越性”，从不切实提高自己

人想要证明自己，这没错吧？没错！证明自己的路上遇到了挫折，这很正常吧？正常！遇到了挫折说明“我不行”，逻辑通顺吧？停停停，这就一点也不通顺了，遇到挫折不是说明你该想办法让自己更行，以便战胜困难吗？怎么就说明你不行了呢？

这就是我们说的自我证明式假努力了。你想证明自己不仅没错，而且太对了。可是你所谓的证明自己，就是拿着现在的结果到处努力和别人对比，一旦发现自己比别人强，就开始觉得自己特别了不起，开始看不起别人；而一旦发现自己不如别人，就认为自己一无是处，永远不如别人。可你从来没把目光放在能够真正努力的事情上，比如说，“我可以做些什么，让自己变得更好？”毕竟无论比较的结果是什么，你都是这样了，比较得再努力，也不会

让你成长分毫。

这种不关注未来、只想着如何证明自己优越的假努力模式，会让你陷入一种非常无助的状态。此时，你的思维会遭遇“三大怪”：怪过去、怪父母、怪他人。

遇到了挫折，经过比较发现自己不如别人，感觉自己非常挫败，从而陷入了自我否定之中。可是谁不希望自己是优秀的呢？失去优越感的痛苦迫使我们必须找一个替罪羊。首当其冲的就是“过去”。“要是我之前能更刻苦一点”“如果我过去能更懂事一点”“如果我过去能更有远见一点”……悔不当初！可是你已经改变不了过去了，除了无助你又能获得什么呢？

“怪过去”很快就会推导出“怪父母”。“我过去为什么没有远见呢？父母培养得不好呗！我过去为什么不懂事呀？还不是叛逆、和我爸怄气嘛！心理专家都说了，全是原生家庭惹的祸！”还是一样的问题，就算都是父母的错，怪他们也无法让你变得更好呀。

然后，就是“怪别人”，与其怪自己太没用，不如怪别人太优秀！通俗来说就是嫉妒。所以你看，只想证明自己优越而不求在未来有所进步的假努力，还会令你心胸狭隘。嫉妒，其背后是一种无助感！我不够优秀没关系，我可以努力；可是别人太优秀了，我能有什么办法呢？

因为“要强”，所以你会在无法证明自己比别人优秀的时候感到挫败。因为无法承受优越感受损的痛苦，所以你将错误归咎于过去、父母、别人。这样的归因方式会给你带来无力感，而这份无力感又会加深“我只能通过和别人对比来证明自己行，而没有力量通过行动让自己变行”的假努力模式。这不仅会让你陷入恶性循环，还会让你遭遇自卑的痛苦。

别人都在努力提升自己，只有你在努力与别人比较、在自己到底“行不行”上纠结，你和别人的差距自然会随着时间的推移而拉大。即使现在你们在同一条起跑线上，“我不如别人”的想法也必将在未来成为一个必然而客观的事实，从而让你产生自卑感。

况且很多时候，我们会把“我不行”变成一种自证预言。保研没成功，于是每天陷入自我谴责，这会让你在复习考研的时候无法集中注意力，而最终考研失败，证明了你的确不行。演讲比赛表现糟糕，于是你羞愧难当，再也不敢尝试新的挑战，最终与同事的差距越拉越大。是你在不断自行实现着“我不行”的结论与“我不够好”的预言，陷在自卑的死结里。

你可以这样改变

走出受害者模式，站在未来看当下

1. 从“证明”自己行，到“努力”让自己行

说到这里，该怎么做已经很清楚了。简单来说，就是从“证明”自己行，变为“努力”让自己行。《终身成长》这本书中有一个概念，叫作“成长型思维模式”，我们在这里可以借助这个说法，更好地去理解一下什么是真努力、什么是假努力。

成长型思维模式就是我认为自己是“可成长的”，既然我是可成长的，我就不会拿我现有的成绩、财富、工作去和别人比，来获得自恋的满足，因为这是具有“固定型思维模式”的人才干的事情。固定型思维模式的人认为自

己会一直像现在这样，为了获得优越感只能与他人横向对比。而具有成长型思维模式的人，他只与过去的自己纵向对比，今天的我比昨天的我更好，明天的我比今天的我更好。在这种思维模式下，人就永远不会因为暂时不如他人而自卑，更不会使自卑成为一个自证预言了。同时，你还会变得更谦逊、对他人更加接纳，因为你知道，每个人都有变得更好的能力，谁都不该被贴上“不行”的标签。

所以，摆脱焦虑、自卑、嫉妒，进入真努力状态，就是去问“我可以如何变得更优秀、更富有、更喜悦？”而不是去问“我要怎么在和别人的对比中证明自己行？”方法就这么简单。

2. 走出受害者模式：是我把事情搞砸的

拥有成长型思维模式，意味着一件事情：走出受害者模式。我们之前提到的怪过去、怪父母、怪别人，就是受害者模式的典型代表：我生活中的所有现实，尤其是问题，都是别人带来的，我是受害者。这样做的好处很明显，它可以帮助我们远离“是我把事情搞砸了”所带来的内疚、懊悔、害怕被指责等痛苦的情绪。但是我们需要意识到，“成为受害者”意味着我没有能力改变自己未来的信念。很简单，既然我现在遇到的问题是别人造成的，那么我的未来也必然是由别人决定的。带着这种思维模式，“从‘证明’自己行，到‘努力’让自己行”的转变是很难真正发生的。

所以，从受害者的身份中走出来，是改变的基础。怎么走出来呢？答案是承担责任！你要承认，自己现在一塌糊涂的现实就是你自己造成的。不要说“我毕不了业都是因为我爸给我选的专业不好”，你爸给你选的专业是不好，可是你当时也没坚决不读呀！不要说“我现在混得不怎么样，都是因为之前没有人给我讲真实的人情世故是怎样的”，之前是没人给你讲，可是你现在懂了呀！我这样说不是为了让你陷入自责，而是说你要先将创造自己生活的责任承担下来，因为只有你承担了这份责任，你才能知道：既然我能创造现在的现实，我就有能力也有责任，在未来为自己创造想要的现实。

“不用承担责任”是每个人心中都有的隐秘期盼，但“承担责任”却是一切成长的开端。

3. 意义疗法：做一个“被未来决定的人”

你所谓“不如别人”“不够好”的现状，到底意味着什么，不是现在就可以判断的，而是由未来决定的。

这次晋升没有你，如果你从此觉醒，按照书中的方法去努力，五年后当上了部门负责人，那现在的“失败”就是你成长的最大契机。而如果这次晋升没有你，你就从此一蹶不振，五年后被公司裁员，那现在的“失败”就是你一事无成的人生的开端。

过去确定无比，未来扑朔迷离。不要太早给自己的现状下定义，什么“我太失败了”“我不如别人”，这都是一种负面的自我预设。唯有你站在未来，才能真正说出现状的意义。

所以，再一次，不做受害者，从“证明”自己行，到“努力”让自己行，你因此获得的不只是未来更好的自己，更是你当下的意义、你现在到底“行不行”的最终结论。

本节导图

假努力模式：自我证明式假努力

具体表现形式

1. 只拿现在的结果与别人做比较，而从未把目光放在未来能够真正努力的事情上，最终你与他人的差距越拉越大，导致自卑。
2. 遇到挫折自我否定，急于将错误归咎于过去、父母、他人，并深感无力。

解决方案

☆ 1. 从“证明”自己行，到“努力”让自己行。

☆ 2. 走出受害者模式，承认“是我把事情搞砸的”。

☆ 3. 在未来看当下的意义，做一个“被未来决定的人”。

［美］卡罗尔·德韦克（Carol Dweck）《终身成长》（*Mindset: The New Psychology of Success*）

［奥］维克多·弗兰克尔（Viktor E. Frankl）《追求意义的意志》（*The Will to Meaning: Foundations and Applications of Logotherapy*）

从挤时间，到稳情绪！时间管理的奥秘在这里！

04 用力过猛式假努力：

目标定得比谁都“狠”，放弃得比谁都“快”

在一个风和日丽的早上，宇轩从睡梦中睁开眼睛，看到窗外天朗气清、惠风和畅，突然下定决心要发奋图强了！“工作工作没有进步、学业学业没有成果，我再也不能这样活了！从今天开始我要做一个不一样的人！”

于是，宇轩开始思索：既然要努力，我的方向是什么呢？我的目标又是什么呢？总体来说就是拥有一技之长，成为让别人羡慕的对象，做“人群中最靓的仔”！

具体嘛……我上个月尝试过练字，想要写一手漂亮的好字！练了一个星期，还在写“点”不说，问题是写得还那么难看！我去年尝试过学英语，想要说一口伦敦腔，下次有外宾来就能在领导和同事面前露一手了！学了也有一个月吧，别说接待外宾了，到底“broad”是牌子还是“board”是牌子都没搞清楚，还有“abroad”又是什么？最终不了了之……

或许这些都不太适合我，这次我要重整旗鼓，挑战个大的！要不考个研究生吧！既能在工作中提升学历，还能学习新知识，就这么定了！

宇轩从床上“腾”地一跃而起，翻阅经验分享文章、购买书籍课程、制定详细的学习计划表，开始行动！没有目标的时候还好，此时一下有了努力的方向，宇轩竟有了一种“时不我待”的紧迫感，就差头悬梁锥刺股了！

结果，第一天，做 50 页练习题、背 200 个单词、听 5 小时课程的“宏伟奋发计划”没能顺利完成，宇轩深感挫败。

第二天，突然接到出差通知，满满的学习计划表被打乱，宇轩很是焦虑。

第三天，女朋友质问他：“你最近为什么都不回我信息，是不是不爱我了？”宇轩解释说自己在复习考研，女朋友却不依不饶，宇轩心乱如麻。

第四天，考研书籍被束之高阁……“从今天开始我要做一个不一样的人”的努力计划，恐怕要等到下一个风和日丽的早上了。

现象剖析

期待“大力出奇迹”，结果一次就报废

一个人目标很明确，却总是无法持续努力达成目标，往往是“用力过猛”惹的祸。什么是用力过猛呢？

首先是心理期待上用力过猛。一手漂亮的字一定是短则几年长则几十年练习的结果，可是你一练字就期待着在书画展上大展风采，自然会为一个“点”写了一个星期还是不好看而灰心丧气，不愿意继续坚持。流利的英语口语表达肯定也是日积月累的结果，可是你一上来就期待着在领导和同事面前露一手，自然会因为学了半天也满足不了自恋的需要而放弃。

而心理预期上的用力过猛，又会导致努力计划上的不切实际。既然你一下子就把目标定为了“三个月一举考上名牌大学研究生”，又不觉得这个预期有问题，那么你就只能在学习计划上用力过猛了。也就是说，别人要准备一

年的考试，你却要明天就准备好，那么你的学习计划自然就是在一天内掌握别人学了一年的东西。然后你显然会经历——无法完成、深感挫败、计划破产。

当然，很多时候，你给自己安排的努力计划，也没有这么不切实际，只是"比较满"而已。可是即便是把努力计划在切合实际的情况下排得满满的，仍然是"用力过猛"的表现。为什么这么说呢？如果你已经工作成家，那么你的生活中必然有很多突然的事项需要处理：临时的出差、重要的工作汇报、父母孩子生病……于是你满满当当的努力计划必然会被打破，而未能完成计划会令你深感挫败、心烦意乱，结果仍然是计划破产。即便你是个"全职学生"，你也总有身体不舒服、心情不好的时候，于是过于"奋发图强"的计划会走向失败，令你信心受挫，一气之下将目标计划全盘推翻，道理是一样的。

这还没有完，当我们用力过猛地去努力时，自然会忽略很多本质上很重要的事情。比如说，没时间陪女朋友、没时间运动、没时间睡觉……结果怎么样呢？后院起火，你要在哄女朋友上花比陪女朋友更多的时间，如果处理不当，还可能要在失恋的痛苦中挣扎更久。没时间运动、睡觉，本来每天跑步一个小时，现在也用来奋发图强了，然后精力差、情绪低，进入亚健康状态，不说看医生也需要时间吧，而且这也影响你努力的效率呀！

所以，不怕你不努力，就怕你太努力！从对自己过高的期待，到不切实际的努力计划、排得满满的时间表，再到后院起火，这简直是对自信心一次又一次的剧烈打击。自信心都没了，还怎么努力呀？这就是用力过猛式假努力的意思了。

你可以这样改变

与其管理时间，不如花时间管理情绪

1. 放弃一鸣惊人的自恋幻想，建立对自己的合理预期

“无欲速，欲速则不达”“不积跬步，无以至千里”的道理我们其实都懂，可是事情一到自己身上，似乎就想不明白了。其中一个主要的原因，就是我们的“全能自恋”。也就是婴儿早期“我一动念头，世界就得按照我的意愿来运转”的心理，是你“不优秀、不配活”的底层信条。

看一看你“在书画展上一鸣惊人”的愿望，问题已经很明显了，你根本不是想要努力达成人世间的一个具体目标，而是希望达到一种“我就是神”的全能自恋感。

所以，要想从用力过猛式假努力中走出来，你首先需

要做的是建立对自己的合理预期。今天学习明天就飞黄腾达，这不是自恋是什么呢？“我预期通过五年持续的努力，自己会在某个领域崭露头角”，这还差不多。

当然，拥有对自己的合理预期，是建立在你的目标是“有用”而不是“自恋满足”的基础上的。如果你学英语是为了“在领导和同事面前一鸣惊人”，在这个为了满足自恋需要的目标驱使下，对自己的合理预期是很难建立的。就好像如果一个人赚钱是为了穿金戴银、向身边的人展示财富以满足虚荣心，那么他是很难“君子爱财、取之有道”的。与之相反，如果你学英语是为了“有用”，比如说，能够看一些一直想看、但是又没有好译本的书籍，能够与更多不同文化的人交流、丰富自己的见识的话，这些“朴实”的目标本身就会让你对自己的进步保持平常心，对自己建立更合理的预期。

我们常说“个人目标管理”，其实怎么通过拆解、复盘来管理目标只是细枝末节，关键是制定什么目标，而这关键中的关键，就是“不玩自恋，持续追求有用性”！

2. 抛弃制造焦虑的计划管理，学会给时间留白

即便我们每天默念“欲速则不达”，也建立了对自己的合理预期，还是常常会因为“人必须逼自己一下才行”的执念，在制订自己的努力计划时用力过猛。

典型表现就是制订没有裕度的努力计划。“半个小时的考研课程结束后马上是半个小时的口语课程，而这些必须在8：00—9：00之间完成。”“碎片化时间也要利用，上厕所的5分钟也要背单词，等车的3分钟也要看3页书！”在一个小时内听两个30分钟的课程，其间即便只是接到一个快递电话，也会导致你的计划无法完整实施，从而令你灰心丧气，容易放弃。

所以，你需要做的不是学习一个新的计划管理方法，把努力计划做得更紧凑一些，而是学会给自己的努力计划留白。今天只需要背一个单词往往是比今天背500个单词好太多的计划，因为你背完一个单词等于顺利完成了任务，成就感满满，于是你会为了再体验一次这种成就感而再背一个单词。“又记住了，我怎么这么厉害呢？再来一个！”直到你觉得累了，该休息了。

但是一天500个单词，啊，背了一个，还有499个；背了100个，第一个单词是什么来着？挫败、绝望、无力，此时你可能这辈子都不想再背单词了！

松散的计划不会让你懒惰，相反，它会帮你进入想努力、爱努力的正向循环中，不再用力过猛式假努力。

3. 时间管理的高手：从挤时间，到稳情绪

看到这里你可能有点害怕：方法一，你让我放弃目标管理；方法二，你让我放弃计划管理，我就是想“努力”一下，现在是一点抓手都没有了；方法三，你还要我放弃时间管理。

我们一努力就容易进入一个极其狭隘的视角里，努力、努力，怎么努力呀？高效利用时间呗。“时间是海绵里的水，挤一挤总会有的。”然后问题就出现了。从陪孩子的时间里挤出来的“水”，总要在处理孩子因陪伴不足而导致的叛逆问题上“还”。从陪女朋友的时间里挤出来的“水”，总要在和女朋友吵架上“还”。而偿还的时间代价是非常昂贵的，因为它不只意味着你要花时间处理麻

烦，还意味着你会长期处在烦恼和焦虑的情绪里。

所以，与其管理时间，不如花时间管理情绪。一天就是 24 个小时，你再管理也管理不出第 25 个来。况且，如果你心情烦躁，即便有第 25 个小时，也会无心上进。但是如果你能保持情绪舒畅，就可以随时沉下心来高效努力，目标的达成只是水到渠成罢了。

假努力

方向不对，一切白费

☼ 本节导图

假努力模式：用力过猛式假努力

1. 在对自己的心理预期上用力过猛，导致努力计划上的不切实际。

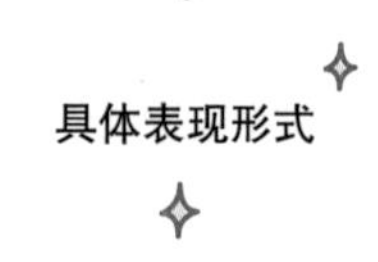

2. 过满的努力计划，令你忽略真正重要的人和事，导致效率低、情绪差。

解决方案

☆ 1. 放弃一鸣惊人的自恋幻想，建立对自己的合理预期。

☆ 2. 抛弃制造焦虑的计划管理，学会给时间留白。

☆ 3. 成为真正的时间管理高手，从挤时间，到稳情绪。

推荐阅读

［美］爱德华·伯克利（Edward Burkley）、梅利莎·伯克利（Melissa Burkley）《动机心理学》（*Motivation Science*）

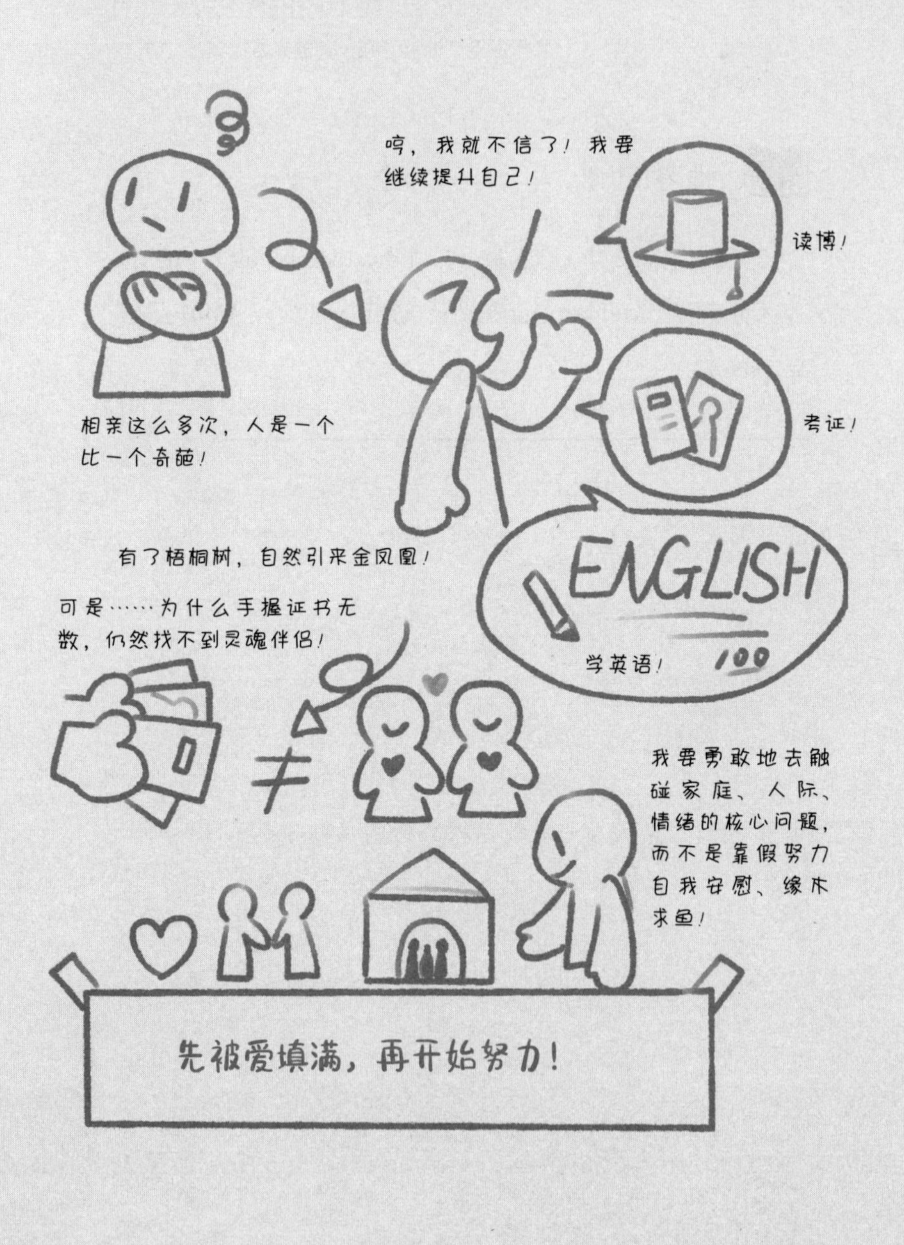

相亲这么多次，人是一个比一个奇葩！
哼，我就不信了！我要继续提升自己！
读博！
考证！
ENGLISH
学英语！
100
有了梧桐树，自然引来金凤凰！
可是……为什么手握证书无数，仍然找不到灵魂伴侣！
我要勇敢地去触碰家庭、人际、情绪的核心问题，而不是靠假努力自我安慰、缘木求鱼！
先被爱填满，再开始努力！

05 南辕北辙式假努力：

不能停！用努力“止心慌”，却越努力越慌

“不论你说谁不努力，我都是能够同意的，但唯独你说芸菡不努力，我是万万不能表示赞同的！”

30岁的芸菡已经博士毕业，不仅手里拿着雅思7分、核心期刊论文3篇的成绩，还坚持阅读，考取了营养师证书，学习了西班牙语，掌握了编程技术。

你以为这是一个“别人家孩子”的辉煌人生？还真不是。因为芸菡的内心并没有因为这些成绩而被填满，不要说幸福与成功，就是平静都没能因此获得。

芸菡本不是个事业心很强的女孩，又拥有一份收入不算高但很稳定的工作，照理说本科文凭已足够她应付这份

工作了。再找一个合适的人成家，过平平淡淡的日子。可是，凡事都有一个“可是”，芸菡常常被焦虑与自卑的情绪困扰着，这让她不得不去努力。

细细想来，决定学西班牙语，就是在这种情绪的驱使下做出的决定。那段时间，家里人总是带她去相亲，见的男人一个比一个“奇葩”。有几个人芸菡很欣赏，可是对方又很不主动。于是有一天，芸菡下定决心：“学习西班牙语！提升自己，让自己更加优秀，择偶难题自然就不是问题了！”然而，三年过去了，芸菡的西班牙语的确学得不错，可是合适的男性一直没有因此出现。

决定考营养师，也是在这种情绪的驱使下所做的决定。那段时间，身边的朋友工作都很不顺利，有的跳槽了，有的被裁员了，这也令她焦虑难安。“人要居安思危，我的工作现在看来稳定，可是10年后呢？到时候父母年事已高，我却没了工作，岂不是既无助又丢脸？”所以，芸菡下定决心：“我要考一个营养师证书，这样如果失业了我还能有一技之长，能更快地找到工作！”然而，当芸菡拿到营养师证书后却发现，自己内心的不安全感并没有因此缓解，甚至有所加剧。

“我妈竟然说考这种证书就是在浪费时间！不过，要是真的从现在体面的工作，沦为自己随便考的一个营养师，别人会怎么看？”于是，她再次做了一个决定：要不，读个博士吧！

现象剖析

抽刀断水水更流，“努力”消愁愁更愁

前面我们讲了很多“假努力”的形式，总体来说就是想努力但是做不到，令人苦恼。可是还有一类人，是本不想“努力”，却努力到停不下来，就像芸菡这样。人生就是这么不公平，是不是？不过你倒也不必苦恼，因为大家都是“假努力”，也算是扯平了。

读博士、学英语、考证书，都是很好的追求上进的方式，看起来是“真努力”。但是如果你这么做的原因不是搞学术、想晋升、提收入，而是缓解焦虑的话，那就是南辕北辙式的“假努力”了。

在寻找伴侣的相亲活动中受挫，你的目标就应该是提升相亲成功率、拓展认识异性的方法。既然如此，让自己更漂亮、多下些交友软件可能也是比学西班牙语更有效、更直接、更快捷的方法。或者也可以试试向家人、朋

友更精准地反馈自己对异性的喜好。当然，如果你的思路一定是自我提升才能遇到更好的异性，那么至少报个西班牙语线下学习班，这样提升自己、认识异性两不误，而不是自己宅在家里只顾着自我提升，不管寻找人生另一半的事情了。换句话说，你缺的是爱，学的却是外语，这弯子绕得是不是远了那么一点点呢？而且，这里往往还有一层意思："既然在寻找伴侣方面令我自尊心受挫，那么我就不在这个赛道和你们玩了，我要在语言学习的路上赢你们！"

看到这里，你可能有些不服气："缺的是男友，却在学外语。这算你说得有道理吧，的确是有点南辕北辙。可是我怕未来失业，所以希望拥有一技之长、提升学历，逻辑很顺呀，怎么会是假努力呢？"再一次强调，提升学历、学习技术都是非常好的上进方式，可是很多时候我们这么做，表面上是"有上进心、居安思危"，实质上却是"安全感缺失、认可匮乏"。

这是什么意思呢？如果你要搞学术，那么读博对你的工作和生活将是极有帮助的。可是你做着一份根本无关学历的工作，却非要在这里费九牛二虎之力，为了一个少说十年内都不会发生的危机情况做准备，这不由得让我想起前几年的一本畅销书《你当像鸟飞往你的山》中的双相情感障碍的父亲，他为了“世界末日”制作大量桃子罐头加以储存的偏执行为，与你难道不是如出一辙吗？考证书、读博士真的能缓解你内心的那一份巨大的不安全感吗？我对此表示怀疑。

除了安全感的缺失，停不下来的努力中还常常伴有“认可匮乏”的问题。一般来说，这类假努力人群往往有着秉承“批评使孩子进步、表扬使孩子学坏”教育理念的父母，导致你从小到大被认可的需要都没有被充分满足。所以怎么办呢？努力找认可啊！怎么找呢？考权威机构的证书！可我还是要问，如果你不去觉察自己真正的需要是“认可”而不是“考证”，那么再多的证书又如何能真的救赎你呢？芸菡妈妈的一句“考这种证书就是在浪费时间”迅速就可以把芸菡打回原形。就算芸菡博士毕业，那么她的父母就“认可”她了吗？我再次对此表示怀疑。

你可以这样改变

满足你的“基本需求”，直面你的深层痛苦

1. 满足你的“基本需求”：先被爱填满，再开始努力

所以，如何从用假努力来填补缺失爱、安全、认可的无底洞，到真正努力追求自我实现呢？答案很简单：先被爱填满，再开始努力。

马斯洛提出了人类需求层次理论，他说一个人最基本的需要是生理的需要：吃饱、睡好。然后是安全的需要：生活在有秩序的环境里，能保护自己。再往上则是爱与归属的需要：和深爱的人在一起，属于一个组织与集体，感受家族的支持、认可与接纳。在这之上才是自尊和自我实现的需要：成为一个有能力的人，受人尊重，使自己

的潜力充分发挥。这些需要是递进式满足的，只有一个人满足了生理的需要之后，才会去追求安全的需要；只有一个人的安全有保障，才会去追求爱；而只有一个人这些需要都被满足了，才有能力追求自我实现，也就是开始“真努力”。

我不否认，有的人的确可以在“缺爱、不安全、不被接纳”的情况下获得“成功”、取得“成绩”，但是就像芸菡一样，所谓的自我实现往往只是自欺欺人的假象，而并非喜悦与满足。

2. 直面你的深层痛苦：触碰家庭、人际、情绪的核心问题

芸菡代表的是意志力极强的少数人，可是大多数人在安全感缺失、爱和接纳的需要未被满足的情况下，不是读完了博士、手握各类证书，而是处于迫切想证明自己但真的努力不进去的状态里。这不难理解，对于一个吃不饱的人来说，他的全部精力都会放在获得食物上面，根本没有心力去思考什么归属、什么自我价值。一个父母吵架闹离婚的孩子，全部精力都被拥有安全的家庭环境、拥有父母

的爱的需要占满了，哪还有心思学习呢？一个同事关系处得乱七八糟的人，就想着怎么拥有归属感了，哪还有兴趣好好工作、实现人生价值呢？

总而言之，如果你拼命努力真的是为了自我实现，读博是为了升职称、考证是因为兴趣所在，那很好，请继续努力。但是如果你不停地努力，却仍然“一事无成”、内心空虚，那么就请停下来问问自己：我有哪方面的需要没有被满足，以至于让我在“努力”的路上一直拧巴呢？是安全吗？是被爱吗？是归属与支持吗？然后请先去满足这部分的需要吧。

去触碰家庭、人际、情绪的核心问题，而不是靠假努力自我安慰、缘木求鱼，努力将从此变成一件非常轻松、好玩的事情，而不再是令人疲惫而恐惧地填无底洞了。毕竟，我也想不出来，一个衣食无忧、被充分接纳与爱的人，不努力实现自己，还有什么其他更有趣的事情可以做呢？

假努力

方向不对，一切白费

☼ 本节导图

假努力模式：南辕北辙式假努力

具体表现形式

1. 看起来是努力追求上进，其实是为了缓解焦虑。

2. 表面上是“有上进心、居安思危”，实质上却是“安全感缺失、认可匮乏”。

解决方案

☆ 1. 满足你的“基本需求”：先被爱填满，再开始努力。

☆ 2. 直面你的深层痛苦：触碰家庭、人际、情绪的核心问题。

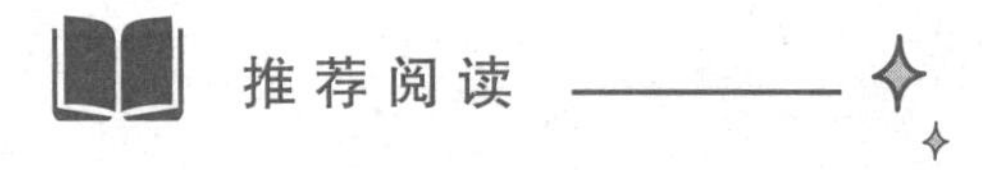

［美］亚伯拉罕·马斯洛（Abraham H.Maslow）《动机与人格》（*Motivation And Personality*）

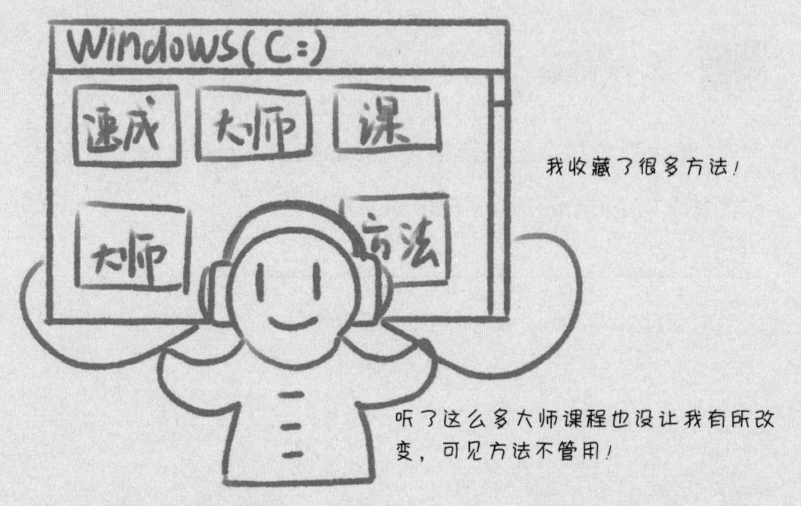

别忘了我们的辅助小技巧：

明确计划5要素！

06 拒不改变式假努力：

懂了这么多道理，我怎么还在原地踏步呢

凯睿最近很焦虑，因为身边的人与事千头万绪。先说关系，一和父母打电话，自己就被他们唠叨得心里不痛快，女朋友又总是问自己是不是不爱她了。再说事业，自己的收入不高又没成长空间，可是如果换工作，自己又不敢、很犹豫。然而，最令他心烦意乱的还是自己的状态，年纪轻轻体检结果却是高血脂、脂肪肝，说要运动吧，今天推明天，明天推后天。并且他还开始失眠，晚上睡不着，白天又犯困，整个人都昏昏沉沉、非常萎靡。

为此，凯睿也做出了很多努力，不仅关注了大量的成功学、心理学、中医、运动与健康类公众号，还专门在手

机里建了三个文件夹：《关系改善》《事业指南》《健康管理》，把看到的自认为分析透彻、方法具体的视频和文章通通放入其中，收藏了起来。

“要完成与原生家庭心理上的分离，认识到你与父母都是独立的个体，尊重他们的想法，同时做你自己，不要被他们影响，以及方法一、二、三。”

“在亲密关系中要学会建立情感账户，以及方法四、五、六。”

“要学会进行目标管理，才能改变现在糟糕的身体、工作现状，以及方法七、八、九。”

开始的时候，这些分析与方法对凯睿还挺有吸引力，可是时间久了，看了第一段，凯睿都知道后面要讲什么了，老生常谈，没意思；不仅没意思，还没用。“这些人每天就知道讲一些大道理，我看了这么久都要会背了，也没让我的生活有任何的改变！”

一气之下，凯睿删光了收藏夹，继续过他浑浑噩噩的日子了。“毕竟我也努力过了，丝毫没效果，这又不是我的错！”凯睿这样想。

现象剖析

谈方法一个顶俩，论实践装聋作哑

虽然你收藏了一大堆方法，但是几乎没有行动，拒不改变。最后却要埋怨“方法不好用”，感叹“懂得了很多道理，也过不好这一生”，这种事我们每个人都干过。

王阳明说“知行合一”，只知不行实为不知，是很有道理的。你懂得了 10 个时间管理方法用来学习，不如坐下来真的看上一页书。你掌握了 20 种沟通技巧，不如和所爱的人面对面坐下来，坦诚真挚地聊一聊。你为了坚持运动，观看了各种体育运动的入门视频来寻找兴趣，不如现在就下楼跑跑步。只努力“知”，不真正“行”，你的努力是不会有结果的，这叫作拒不改变式假努力。

用“拒不改变”来形容这种行为模式，你可能觉得有点冤枉。“我要是不想改变，为什么要学那么多方法呀？

我只是做不到嘛！”可是为什么做不到呢？有人说，这是我们的大脑构造决定的。科学研究表明，人设定目标和执行目标的大脑区域是不同的，也就是说，知和行从生理上来说就不合一，这总不能怪我吧？

不论这研究多么科学，这都不是问题的根本，毕竟区域不同也都是你的大脑。难不成目标设定是你的大脑完成的，而目标执行却是被猴子的大脑所支配了？

那么，我们到底为什么学方法很积极，一到改变就“爱谁谁”了呢？因为我们虽然在理智层面知道，去行动意味着境况极大可能会好转，可是在潜意识层面，我们其实一点都不想改变，因为改变意味着我们会拥有很多糟糕的体验。

★改变意味着恐惧。“虽然现在的生活一团乱，可是我都这么度过 30 年了，早就习惯了。习惯的就是安全的，安全的就是好的。而如果我去行动、去改变，听起来是挺美好的，但那是全然的未知呀！”未知的就是不安全的，不安全的就是恐惧的，恐惧的就是坏的。就好像一个孩子，虽然在现在的穷苦家庭里被百般虐待，但他是熟悉并习惯于面对这一切的。如果你说要给他换个富丽堂皇、充满爱意的新家庭，他可能也是难以适应的。

★改变意味着后悔。“如果我现在能戒酒，就说明我之前也可以戒酒，那么我现在因为酗酒而妻离子散的现状岂不是会令我后悔不已？与之相反，如果我一直无法戒酒，就没什么可后悔的了。”从这个逻辑来看，为了不后悔过去，所以不行动，在未来继续让自己陷在麻烦里，的确是一个不错的思路。

★改变意味着责任。“如果我现在能学会与人沟通，岂不是说明之前的关系问题都是我的错？与之相反，如果我一直不学习沟通技巧，谁知道错的是谁呢？”这是不愿意对过去承担责任。“如果我真的行动了，境况却没有改变，岂不是很丢脸、很失落？但是如果我不行动，我就能够一直告诉自己：只是因为我没行动，我只要一行动，一切都会好起来的。”这是不愿意为未来承担责任。因为害怕对自己负责任，所以不改变。

★改变意味着虚无。当我们几十年如一日不改变的时候，我们感到自己的存在是非常稳固的。不论我是温柔的还是暴躁的，是自信的还是自卑的，是白领还是工人，我总是拥有很多稳固的“标签”。可是说到改变，改变了之后我是谁呢？心中固有的稳固存在感，变成了面对虚无的孤独与怀疑。就好像一脚踏空在陌生的世界里，连自己是谁都搞不清楚了。

恐惧、后悔、虚无、怕承担责任，如果要面对这么多潜意识层面的痛苦，“只努力学方法，不真正去行动”的假努力模式，似乎就非常安全了。

你可以这样改变

建立 4 个信念，明确计划 5 要素

1. 建立 4 个信念，拥抱改变的勇气

为了不被改变所带来的恐惧吓倒，真正开始行动，有几个信念是你必须建立的。

★ 改变没有那么危险。未知听起来可怕，其实却往往意味着新奇、精彩的体验。比如说，我们走出熟悉的家庭，进入未知的社会，听起来很可怕，可我们还是愿意去见不同的人、看不同的风景、体验这个世界的精彩，而不是一辈子待在妈妈的怀抱里。与其因为对未知的恐惧而止步不前，不如带着“改变没有那么危险”的信念，满怀期待地去尝试新的方法、获得新的体验。

★ 为了我真正想要的，我必须放弃婴儿般的愿望。因为不想后悔过去、为过去承担责任而不行动，这意味着你希望自己永远正确，是全能的。害怕行动了却做不到而感到丢脸，仍然是在维护自己的全能感。而全能，是一种婴儿的愿望，“我什么都不需要做，就有神奇的力量（父母）满足了我所有的愿望。”它不该属于成年人，成年人的世界是“我想要的任何东西，都需要靠我自己去争取”。

★ 只有我能改变自己的境况。这和放弃婴儿般的幻想是连在一起的。要为自己的生活负责任，虽然这是一份沉重的压力，但是这也意味着我拥有创造自己生活的力量。只要认清，我的现实完全是自己创造的，行动就是一件水到渠成的事情了。

★ 我的存在本就虚无，因此我更珍惜行动的激情。虽然拒不改变可以让你获得一种关于自己存在的稳固感，可是你不主动变，关于你的存在就真的稳固了吗？时间会令你变老，企业改革会让你不得不适应新岗位，甚至面临失业，孩子的出生会带给你“父母”的新身份，死亡会令你不复存在。有什么是真正稳固的呢？虚无本是我们存在的本质，这不是悲观，而是说，既然作为名词的你不过是“梦幻泡影”，你最珍贵的东西就不是所谓稳固的存在，而是你能不断行动、不断从稳固的自我迈向未知与虚无的能量与勇气。想到这里，你也许就会明白：与其害怕面对存在的虚无而拒不改变，不如承认生命的虚无，并开始行动。

2. 明确计划 5 要素，迅速拥有行动力

说到这里，话题似乎变得有些沉重。我就是没有行动力嘛，你这都讲到人生虚无了。还说让我大胆改变不要怕，我本来没怕，却被你讲怕了！

那在这章的最后，我们再把气氛拉回来。其实，应对只收藏不改变的假努力，一个小方法同样可以帮到你，那就是把行动具体化，让它包含五个要素：时间、地点、人物、事件及替代方案。

比如说，“很多时候我也想更好地与人沟通，也学习了沟通技巧，可是什么时候用呢？大概是在美好的将来吧。”不要这么模糊，应将你的行动具体化：

时间：今天晚上七点。

地点：在客厅。

人物：我和我妻子。

事件：使用今天学习的技巧，就假期的安排开展一次沟通。

替代方案：如果妻子加班，那就明天晚上在同一时间、地点练习。

你可以自己感受一下，你学习的技能是在美好的将来使用概率大一些，还是在这个包含五要素的计划里大一些呢？很明显，是后者。

要想摆脱拒不改变式假努力，你需要的不只是觉察到对于行动的恐惧，通过建立信念获得勇气，还有一点行动上的小技巧。

懂了这么多道理，我怎么还在原地踏步呢

本节导图

假努力模式：拒不改变式假努力

具体表现形式

01 收藏了很多方法，但是几乎没有行动，拒不改变。

02 害怕面对改变带来的潜意识痛苦，无法承受恐惧、后悔、虚无等感受。

解决方案

☆ 1. 建立 4 个信念，拥抱改变的勇气。

☆ 2. 明确计划 5 要素，迅速拥有行动力。

推荐阅读

［法］萨特（Jean-Paul Sartre）《存在与虚无》（*L’Être et le Néant*）

第2章

人际关系中，水滴未必石穿，『自我感动』只会把他人越推越远

我要去爱TA！
我喜欢吃西瓜，我就每天给她买西瓜！管她爱吃什么！
我喜欢看话剧，就给他买演出票！管他周末是不是想宅家！
我付出了这么多，她怎么就是看不见呢？
爱他如他所是，用他需要的方式表达爱意！
和陌生的人聊天，更要“见人下菜碟”哦！

07 推己及人式假努力：

我为她付出了这么多，她怎么就是看不见呢

明哲与安若结婚刚刚两年，就遭遇了感情问题。安若总是埋怨明哲不够爱自己，明哲觉得安若就是在无理取闹。于是，一对曾经因为相互吸引、自由恋爱结合的伴侣，陷入了无尽的争吵，婚姻变得岌岌可危。

万般无奈之下，他们走进了心理咨询室。“你给我们评评理！”他们气急败坏地对咨询师说。

“结婚之前，我一直认为她是一个温柔、善解人意的女孩，可是现在她完全变了，简直不可理喻。我每天辛苦工作赚钱就不说了，还总是留心给她买一些小礼物，首饰呀、衣服呀、鲜花呀，我们公司的女孩子们看了都羡慕

得不得了！可是你知道她怎么说吗？她说，你就是不爱我了！每天回来这么晚，说是加班，谁知道是干什么去了！还总买这些东西来敷衍我！”明哲先发制人地开始了声讨。

“难道不是吗？我自己也上班赚钱，难道需要你买这些给我吗？你说我变了，变的人是你吧！谈恋爱的时候，你会像现在这样敷衍我吗？那个时候，我宿舍的灯坏了，你来给我换灯泡。我身体不舒服了，你给我熬中药！可是现在呢？”说到这里，安若的眼圈一红。

“你看，你又开始胡搅蛮缠了！你是要上班赚钱，可是我也要上班赚钱，为我们的小家奋斗！我还给你买了礼物呀！虽然我不想抱怨，可是这么多年，你送过我什么礼物吗？”

“礼物？你希望我送你礼物吗？你可从来没说过。我是没送过你礼物，可是每天下班我都给你做晚饭、洗衣服、准备好洗完澡的睡衣等你回来……”安若越说越难过，竟然哭了起来。

“我早说了，洗衣服做饭找个保姆来做就是了，你为什么非要亲力亲为，到头来又觉得受了很大的委屈呢？”

现象剖析

好的爱“爱他如他所是”，你的爱“全凭主观想象”

看完了明哲与安若的故事，你发现问题的关键在哪里了吗？问题的关键在于，安若认为爱就是照顾对方、给对方提供周到的服务，而明哲认为送礼物才是表达爱意的最重要途径。然后他们又不管对方真正需要的是什么，只是想当然地以为：自己需要的，对方肯定也需要。于是“推己及人”地给予了对方并不需要的东西。

一个简单的类比：黑熊和小白兔结婚了，黑熊爱吃肉，于是把捕猎来的优质蛋白都给了小白兔，小白兔强忍着难受咽了下去，结果消化不良胃疼了好几天。小白兔爱吃草，于是把鲜美的青草都给了黑熊，黑熊挣扎着吃了好几天，最后饿成了皮包骨头。

如果这样说你还是对于“推己及人式假努力”给对方

带来了多大的痛苦、给关系造成了多大的伤害没有一个直观感受的话，我再举一个你肯定深有体会的例子，就是“你妈觉得你冷”！你冷不冷不重要，重要的是你妈觉得你冷，所以你就必须穿秋裤。体会一下你当时烦躁的心情，问题的严重性就不言自明了。你妈以为自己在爱你、关心你，而你感到的是愤怒与焦躁，因为这不是你需要的。

我们之所以在很多人际关系中感到不满、委屈，不理解自己付出了这么多，对方为什么就不感激、不满足，甚至恩将仇报呢？原因往往正在于此。错位的爱，总是令关系布满伤痕。

盖瑞·查普曼在《爱的五种语言》中将人类普遍使用的爱的表达方式分为了五种，分别是：赠送礼物、身体的接触、支持的话语、周到的服务、注意力的给予。书中强调，我们要频繁使用这些爱的语言向我们所爱的人表达爱意，这样对方才能够知道我们在爱他。但更重要的是，你要知道每个人对于爱意表达的偏好是不同的，有的人能从礼物中获得最大的满足感，而有的人非常需要对方高度的注意力。所以，了解所爱之人更容易从哪种爱的表达中体验到被爱的感觉，是至关重要的。也就是不要想当然地频繁送礼物给你的伴侣，却没有注意到他在渴求你的肯定；不要自我感动地为孩子洗衣做饭，却忽略了他对你的关注的需要；不要自以为是地鼓励你的朋友，却不知道他对于拥抱的渴望。

从效率上说，这样做可以让你的付出在他人身上获得最大的效用。从功利的角度上讲，既然对方最大化地体会到了被爱，他自然会回报你。但最重要的是，从爱的角度来说，你终于真正学会了爱一个人。你喜欢收到礼物的幸福感，于是你就给别人送礼物，看起来是爱别人，其实是爱自己。因为这个时候，你都没看到真正的别人是谁、他需要的是什么，爱别人又从何谈起呢？唯有你放下了自己的需要，真实地看见对方，你才有可能去“爱”他。我们说，最好的爱是爱他如他所是，也是这个意思。

现在你可能已经体会到了推己及人式假努力在“爱”这件事中的可怕之处，感受到了错位的爱的表达对于关系造成的伤害。但是，最糟糕的事情，还不是别人需要陪伴，你却猛送礼物；别人需要抱抱，你又一顿鼓励。因为人们虽然对于“爱的五种语言”的敏感度不同，但是作为人类，我们每个人基本还是可以从这些表达方式中多少获得一些被爱的感觉的。意思就是，虽然我更重视陪伴，但是你送我一个礼物，至少从理智上我还是明白，你是在向我表达爱意的。最糟糕的事情是，你所谓的付出不是“爱的表达”，而是“自我感动”，最终目的是制造别人的内疚感，以达成自己的目标。

比如说，“我因为担心你而彻夜未眠”“我都是为了你才没有离婚的”“我因为和你的关系而心烦意乱，什么事情都做不下去”，并最终发出责难：“我为你付出了这么多，你为什么还不知道感恩，为什么还不回报我以爱？”这真是一种奇怪的逻辑，你也没为对方创造“效益”，对方为什么要回报你呢？这就好像，单位发你工资，一定是因为你完成了工作、有所产出，而不是因为你为了工作烦心而彻夜未眠，更不是因为你为了工作而没有生孩子。

每一个正常人都懂得回报别人的爱，可是没有人愿意为“你自己过不好生活，还要把责任归咎于我”这件事买单，更没有人愿意活在你制造的内疚感与情感勒索中。

你可以这样改变

看到真实的对方是谁

1. 走出“自我感动”陷阱，5 种方法把爱真正给出去

想要拥有“既有付出也有回报”的温暖关系，首先，我们要让对方体会到被爱，而不是感受到内疚、恐惧与愤怒。也就是说，我们要把爱给出去，而不是用自我牺牲、自我折磨、自我感动来表达爱。

怎么把爱给出去呢？很简单，反复使用我在前面提到的人类普遍接受的“爱的五种语言”。学会送礼物给别人，送礼物不是说非要买昂贵的商品、在情人节的时候买高价的鲜花，把在路上看到的一片美丽的叶子带回去送给喜欢的人，也是一份珍贵的礼物，因为收到礼物的人会知道，

你一路上都在想着她。学会给予对方高品质的关注，关掉手机，和朋友畅谈，与家人互动。学会在沟通里给予对方支持，而不是不停地提建议、说教、给对方制造焦虑。提醒自己时常抚摸自己的爱人、孩子、宠物，给他们足够的安全感。为对方提供周到的服务，做一顿丰盛的晚饭给他吃、在她难过的时候倾听。当你下次感到不确定对方是否爱你了，感觉自己付出了很多却没有得到足够的回报的时候，与其抱怨，不如先问问自己：我将爱给出去了吗？不如迅速行动起来，选一个最近比较少用的方式再向他表达一次爱意吧。

2. 摸清对方爱的偏好，让你的爱“有的放矢”

你需要用心搞清楚对方关于被爱的偏好。他是更看重我为他提供的帮助，还是更在意我是否为他准备了礼物呢？最简单的方法就是问。当然，询问不是说：“快来告诉我，礼物、关注、服务、支持的话语、身体的接触，你喜欢哪种？”因为对方大概率也没有思考过这个问题。如果安若清楚地知道，自己最在意的是明哲是否可以为自己提供周到的服务，并不是礼物，而这正是他们关系中的卡点，她早就表达了。所以，询问需要一些技巧，比如说："你能和我说说生命中哪些时刻让你感觉到自己被爱着吗？"如果对方说了10个场景，里面7个都是"我妈妈在我生病的时候给予我爱抚""我的朋友有一次在我伤心的时候紧紧拥抱了我"，诸如此类，那你就知道，他原来是喜欢身体的接触呀。那如果对方说了半天，都是"小的时候爸爸送我洋娃娃""第一次恋爱对方送了我玫瑰花"，那你就知道，她原来是喜欢礼物呀。

除了询问，你还可以观察。一般来说，人总是会犯这章中所讲的"推己及人式假努力"的错误，所以，如果你发现一个人总是通过送礼物来向别人表达爱意，那么大概率说明他自己很喜欢这种方式。如果你发现一个人总是去陪伴那些处于痛苦中的人，那么大概率说明他需要的是语言上的支持或者高度的注意力投入。一般来说，不会有错。

3. 关系破冰秘籍：与陌生人聊天更要“见人下菜碟”

除了在亲密关系中，我们还可以在与陌生人建立关系时做出一些调整。很多人觉得与陌生人聊天太难了，说什么呢？不知道。我说的话题吧，对方总是搭不上茬，想想都尴尬。其实，与陌生人迅速打开话题、建立关系没有那么难。同样，不要“推己及人式假努力”，而是看见真实的对方就可以了。

你看对方穿金戴银，就不要和人家聊什么“断舍离”，而是聊聊“买买买”的事情。你看对方左手拎着牛肉，右手抱着南瓜，就不要和人家聊什么艺术展，而是交流交流做饭的技巧。你看人家家里摆的全是书，就不要和人家聊做美容美甲的事情，讲讲自己最近看书获得了什么新观点。

总而言之，陌生人也好，亲人也罢，建立关系的前提永远是：你看到了真实的对方是谁，而不是眼睛一闭说：“管你是谁，我只要自己爽就行了！”

☼ 本节导图

假努力模式：推己及人式假努力

具体表现形式

01 想当然地认为自己需要的对方肯定也需要，于是“推己及人”地给予对方并不需要的爱。

02 错把“自我感动”当作爱的表达，用制造内疚感的方式对别人进行情感勒索。

解决方案

☆ 1. 走出“自我感动”陷阱，5 种方法把爱真正给出去。

☆ 2. 摸清对方爱的偏好，让你的爱“有的放矢”。

☆ 3. 关系破冰秘籍：与陌生人聊天更要“见人下菜碟”。

假努力

方向不对，一切白费

推荐阅读

［美］盖瑞·查普曼（Gary Chapman）《爱的五种语言》（*The Five Love Languages*）

“爸，怎么又乱买保健品！”
“我的工资我愿意！”
“你不能这样工作呀，效率太低了！”
“你能行你来！”
“我都是为你好”，为什么带来的永远是战争？
我沟通不是为了谁好，而是为了缓解自己的难受！
勇敢表达自己的情绪与需要！

08 情感离线式假努力：

立足于“我都是为你好”的沟通，为什么带来的永远是战争

雪婷常常有一种感觉，就是全世界的人都在和她作对。这个周末，早上和父母吃饭，她竟然得知父亲又去买了乱七八糟的“保健品”。“我说了多少次，叫你不要买这些，你怎么就是不听呢？这些东西都是骗人的，你怎么这么糊涂，总是乱花钱呢！”父亲听了雪婷的话，立刻不高兴了，“咣当”一拍桌子说：“我自己的工资，我愿意买什么就买什么！”然后，饭才吃了一半就愤然离席，直到雪婷走时都没再出现。

刚从家里出来，雪婷又接到了单位的电话，说有一项临时的紧急工作要她配合同事卓颖一起处理。卓颖很快联

系了她，并说了自己的工作计划。可是雪婷觉得这样做并不是很有效率，要是按卓颖的方法来，自己就绝对赶不上下午和闺蜜的约会了。于是她说："你这种方法太低效了，根本不行。你刚来一年，对于怎么工作还是不太有经验。你按我说的这样来做，事半功倍。"卓颖在电话中沉默了好一会儿，然后冷言冷语地说："到底是你配合我工作，还是我配合你工作？要不你和领导说这项工作由你负责好了！"然后"咣当"一声，挂断了电话。

到了晚上，雪婷推开家门，映入眼帘的是男朋友在客厅一边打游戏一边抽烟的身影。因为天冷没有开窗，屋子里已经烟雾弥漫。雪婷气不打一处来："抽烟有害健康你不知道吗？咳咳咳，你除了打游戏能不能干点儿正经事！这袋垃圾，早上就在这里放着，你在家待了一天就不能动动手，去扔一下吗？"男朋友把耳机摘下来，"咣当"一下扔到桌上："今天是周末，我放松一下怎么了？你不是也出去玩了一天才回来吗？"

父亲拍桌子，"咣当"！同事挂断电话，"咣当"！男朋友扔下耳机，"咣当"！躺在床上，雪婷的脑海里不停地回响着这个声音。她就搞不明白了，这些人到底是怎么回事？让父亲不要乱买保健品还不是为了他好！用更高效的方式工作，难道卓颖自己不会轻松些吗？让男朋友不要抽烟、做点正经事，难道是害他吗？我都是为了他们好，怎么一沟通就吵架呢？

现象剖析

沟通不谈感受与需要，全靠判断与说教

“我说这些都是为了他好”这个说法，在我看来根本就是“鬼话连篇”！你以为自己之所以和父母“沟通”，让父母不要乱买“保健品”，根本原因是为了父母好？才不是，根本原因是你担心，担心他们吃坏了身体，你会受不了！你以为自己之所以和同事“交涉”，让他们采用更高效的工作方式，根本原因是为了同事好？事实却是，他的工作方式给你带来了不便，让你无法按时下班。你以为自己之所以“唠叨”男朋友，让他少打游戏，根本原因是为了他好？你扪心自问一下就知道了，根本原因是他打游戏就没法陪你，让你感到孤独；他打游戏就没有精力照顾二人共同的生活，让你感到无力。

也就是说，一个人之所以要表达、要沟通，原因只有一个，那就是“我难受”。可是我们从不这样说，我们只

说“我是为了你好”。虚不虚伪？可不可怕？所以，为什么你为了别人好，沟通了这么多，别人非但不领情，还回应你一个又一个“咣当”呢？因为你所谓的沟通，一直都是情感离线式假努力。

做人还是要对自己和他人坦诚一点！

当然，我们之所以在沟通中总是“情感离线”，不谈自己的感受与需要，而是谈“我是为你好”“讲道理”“做判断”，并非我们故意虚伪不真诚，故意要让对方白白领我们“为了你好”的人情，而是我们在自我保护。

当我们坦诚地与别人沟通时，意味着要面对两个东西：自己的感受与需要，而这是我们最不愿意面对的。

“爸爸，你乱吃保健品让我非常担心！”“亲爱的，你总是打游戏，这让我很孤独。”怎么能这么说呢，这显得我多么脆弱呀？我是去沟通的，沟通就是你死我活，要不你委曲求全听我的，要不我让步听你的！既然是一场较量，我怎么能一开始就示弱呢？我要用讲道理、做判断的方式来武装自己，我要说：“你这样做是不对的！是糊涂！是乱花钱！”这样才能虚张声势，显得我很强大。

无论小时候怎样不被接纳的经历造成了你“表达情绪

就是脆弱，令人羞耻”“沟通是你死我活的战争”这样的信念，都是时候察觉并改变了。你的情绪是如此美的东西，如果你告诉我你在为我担心，我就会感觉到来自你的爱意。我愿意为你改变，这不是羞耻的退让，而是我在告诉你：我也爱你，所以我愿意调整自己的行为模式让你好过一些。而这才是沟通的本质。

除了感受，我们不愿意面对的还有自己的需要。“我想在下午和闺蜜看个电影，所以我想用一种更高效的方式开展工作。”“我想让你多陪陪我，我需要你的关心与倾听。”但是，怎么能这么说呢？这会不会显得我太自私了？对方会愿意满足我吗？这种种顾虑背后，隐含的都是你关于“我的需要是坏的”这样的信念。

可能在小的时候，父母总是忽略你的需要，或者他们处于一种力不从心的状态，让你感到自己的需要给他们增添了巨大的麻烦。甚至一些“有毒”的父母，还会批评、羞辱孩子的需要：“你怎么这么不懂事！”“怎么就你事多！”这些情况都会造成你对于自身需要的羞耻感。

可是要知道，现在你已经长大了，面对的是完全不同的客体了。如果你总是因为害怕而不说“我需要你的陪伴”，将自己保护在说教、判断里，说“你怎么总是打游戏，不干正经事”，对方是听不懂你需要什么的。

你可以这样改变

让沟通充满爱与谦卑的五个步骤

为了让别人听懂我们到底在说什么，使沟通既有效又充满爱意，我们必须克服恐惧与羞耻感，将自己的感受和需要表达出来。下面5个步骤，可能会对你有帮助。

1. 情绪宣泄阶段

第一步，开口说话前，先提醒自己：我要开口说话了！这绝不是为了谁好，所以要开始讲道理。更不是对事情的是非对错做判断，来发表自己不成熟的观点，而是“我难受”！

第二步，继续问自己：所谓“难受”是一种什么感受呢？让我“难受”的事情是什么呢？

第三步，开口说话，充分表达自己的感受。

2. 需求表达阶段

第四步，在情绪充分表达之后，暂停一下，问自己：对方现在已经明白了我的“难受”，我希望他如何做来让我好受一点呢？

第五步，继续开口说话，充分表达自己的需要。

我们就拿前面说过的场景——“男朋友总是打游戏”举一个完整的例子。

到了晚上，雪婷推开家门，映入眼帘的是男朋友在客厅一边打游戏一边抽烟的身影。因为天冷没有开窗，屋子里已经烟雾弥漫。雪婷气不打一处来，实在忍无可忍，要开始说话了！这时用一下我们刚刚说过的方法吧。

第一步，雪婷做了一个深呼吸，并提醒自己：我要开口说话了！我想开始说教：“抽烟有害健康，你不知道吗？”我想做判断：“打游戏就是不干正经事！”可是这都不是我要发起谈话的根本原因，我之所以忍不住要开口，是因为“我难受”！

第二步，雪婷继续问自己：所谓“难受”是一种什么感受呢？好像是愤怒，可是他打他的游戏，我为什么愤怒呢？这么说也不是愤怒，而是有点委屈、难过。我今天过得很不顺利，想和他倾诉一下，他却没有关注我！

第三步，原来是这么回事呀！于是雪婷开口说话：“亲爱的，我今天过得很不顺利，想和你说一说，可是你却在打游戏，根本没有关注我。我觉得有些伤心与委屈，甚至还有些愤怒！”

第四步，在情绪充分表达之后，再做一个深呼吸，雪婷问自己：他现在已经明白了我的“难受”，我希望他如何做来让我好受一点呢？

第五步，雪婷继续开口说话：“我希望你打完这局游戏，能暂停一下，陪我说说话。”

请对比一下雪婷之前的沟通方式：“抽烟有害健康，你不知道吗？咳咳咳，你除了打游戏能不能干点儿正经事！”哪一种方式能让对方听懂，哪一种方式能让自己的需要更容易被满足，是不是就非常清楚了？

其实，使用这种沟通模式，不仅可以让沟通更高效，让你与人交流时不再总是做无用功，它还可以让你拥有一个非常美好的品质，就是“爱与谦卑”。我和你沟通，是因为我有一个需求需要被你满足，有一种情绪需要被你倾听，我带着最谦卑的心向你祈求。同时，这也意味着，我能够对你怀有最善意的揣测，认定你不会为此羞辱我、拒绝我。我爱你，所以我允许你保留自己的界限，但是我也爱自己，我会勇敢地告诉你，我的需要与感受。

假努力

方向不对，一切白费

☼ 本节导图

假努力模式：情感离线式假努力

具体表现形式

01

1. 不承认沟通的根本原因是“我难受”，不断地判断与说教，而不谈感受与需要。

02

2. 认为谈感受与需要是错误和羞耻的，“情感离线”是一种自我保护。

解决方案

让沟通充满爱与谦卑的五个步骤

☆ 1. 我沟通源于“我难受”！

☆ 2. 我的感受是什么？让我“难受”的事情是什么？

☆ 3. 充分表达自己的感受。

☆ 4. 我希望他如何做？

☆ 5. 充分表达自己的需要。

推荐阅读

［美］马歇尔·卢森堡（Marshall B.Rosenberg）《非暴力沟通》（*Nonviolent Communication*）

不打着“关心”的旗号散播焦虑与无力感，不要用关心来满足自己的窥探欲、控制欲！安静地倾听才能关心到他。

表述关心很简单，“闭嘴、倾听”足矣！

09 过度关心式假努力：

不知好歹！我这么关心他，为什么他却怪我“不理解”

“叮”，视频通话接通了，父母熟悉的脸出现在了手机屏幕上。

“儿子呀，你怎么又没刮胡子呀！你说这怎么找得到女朋友呀？上次人家给你介绍的那个女孩子，后来怎么样了呀？”

面对连珠炮一样的提问，禹哲一时语塞，好不容易憋出了一句：“没有再联系了。”

“哎呀，你说你，人家是博士，还是本地人，你这总是说不联系就不联系了，婚姻问题可怎么办呀？我们什么时候能抱孙子呀？”

禹哲再次不知如何作答，心想：什么？抱孙子？这都哪儿跟哪儿呀？

“我和你说啊！我又让李阿姨给你介绍了一个女孩，你趁着今天休息赶紧去剪剪头发。还有你那鞋，赶紧去买一双正经的。每天就穿双破运动鞋，我都说了多少次了！”

禹哲本来也计划今天去剪头发的，毕竟天热了，再说找女朋友的事自己其实也挺上心的。可是听爸妈这样一说，他顿时不想去了：怎么搞得我像个小学生似的，剪不剪头发也要被安排！

“妈和你说呀，人靠衣装马靠鞍，人家女孩子第一次和你见面，对你也不了解，你以为人家看什么呢？就看你穿得怎么样，是不是干净利落！别看这是小事，但是细节决定成败！”

“又讲道理！又讲道理！”禹哲一边在心里抱怨，一边翻着白眼，努力压抑着自己的愤怒。

“你看你这孩子，又不说话了。你早听我的，也不会走这么多弯路，一次次被人家看不上！”

“好了，妈，我还要去单位加班呢，不和你说了哈！”

禹哲感觉再不挂断电话，自己就要崩溃了。

“行行行，你就不爱听我唠叨，我知道！可是除了我们，谁管你这些事呀！”

禹哲放下电话，也不知道心里是什么滋味。本来给父母打电话是因为有点想他们，想说一说一个人在外的不容易，寻求一些安慰。现在只觉得心烦意乱，后悔打了这么一通电话，被“关心”了这么一通，现在一肚子火没处发。

“叮”，手机信息提示：“儿子，你一定要听我的，今天就去剪头发！我晚上再和你视频，看你剪了没有！”

禹哲再也忍不住心底的怒火，骂了句脏话，把手机摔在了一边。

现象剖析

你的处处关心，对方的严防死守

你被别人这样“关心”过吗？我之所以举了一个与父母沟通的例子，是因为在这个场景里，我们最容易切身体会到过度关心式假努力会给关系带来多大的创伤，会让心与心之间产生多大的隔阂。

然而，我们在这里不是为了谴责父母、改变父母，而是说我们应该想到，其实自己在关系中也常常在用所谓的“关心”给他人带来痛苦。很多时候，我们以为自己是在努力给别人“爱”，而对方接收到的只有“焦虑”。典型的表现形式包括：过度探寻制造焦虑、过度投射制造无力感、过度提问“钓鱼执法”、过度建议满足自恋、过度提醒侵犯边界。

1. 过度探寻制造焦虑

先说过度探寻制造焦虑的“关心”。当你与他人面对面坐下来时，尴尬感自然就产生了，你很想抛出一个话题来改变这种境况，于是你开始了自己的“关心”。“你上次说和男朋友吵架了，最近还好吧？”“听说你最近在考虑买房子，进展得怎么样了？”“最近生意不好做，你的收入还行吧？”

最近生意不好做，你说我收入行不行？你知道我家什么条件，买房子的进展还能怎么样？和男朋友吵得都要分手了，正心烦，和你说能解决问题吗？我正为这些事感到烦心、觉得丢脸，你为什么非要问呢？这不是往我的伤口上撒盐吗？你怎么不问：我记得你小时候尿裤子，现在还尿不尿了？

我知道，你只是想努力对他人表达一下关心，但是对方感受到的却是一种被过度侵入的不适感和焦虑感。

2. 过度投射制造无力感

过度投射制造无力感的“关心”，和过度探寻有点像，通常都是通过询问展开的，只不过在这种模式中，我们不是通过提问戳对方的痛处，而是把自己的无力和弱小通过“关心”不断传导给别人。比如说：“你还没买房子？这以后有了孩子可怎么办呀？”“现在你们就争吵不断，这以后的日子可怎么过呀？”“你说你得了这么个病，今后的日子算是全毁了！”

没买房子也可以很幸福地养孩子呀！就是夫妻间吵个架，问题有这么严重吗？是我生病不是你生病，你为什么比我还绝望似的！

我们用自己的无力，为对方塑造了一个悲观的世界，导致对方要么认同我们对其个人世界的塑造，产生和我们一样的无力感，要么就需要动用能量，抵抗我们为其塑造的可怕世界。总而言之，你的关心让对方感受到的总是无力，区别只是这份无力来自认同还是来自对抗后的疲惫罢了。

3. 过度提问“钓鱼执法”

我们还很擅长用过度提问来“钓鱼执法”，比如说：“上次的面试怎么样呀？没通过？我早和你说了，这家公司很难进的，要好好准备！”“你最近和男朋友交往得怎么样？分手了？我早和你说了这个男生不靠谱，你就是不听！”

你先是打着关心的旗号去询问，了解对方的情况。人家掏心掏肺告诉你了，结果你却把对方提供给你的信息，作为攻击他的武器，去批评他、惩罚他。先拿诱饵让对方上钩，然后再狠狠地惩罚他，这不是“钓鱼执法”是什么呢？

我知道，不论是开始的“询问”，还是“马后炮式”的批评，你的初衷真的是想要关心对方；可是接收到你的“关心”的人，感到的恐怕只有愤怒与恶心吧。

4. 过度建议满足自恋

比“钓鱼执法”温和一点的，还有一种我们常用的

“关心”他人的方式，就是提建议。

“你这样天天加班不行的，对待工作就要放平心态。你看我，下班手机就关机，要学会平衡好工作与家庭的关系。”

下班就关机，我和你的情况一样吗？我要是像你一样三套房子放租，我也关机，不光下班关机，班我都不上了！就你会说风凉话，好像我不知道要平衡工作与家庭的关系似的。

“你这样考前突袭是没用的，准备要做在前面，你这样死记硬背能记住什么呀！提前复习，考前应该做的是放松。”

提前复习、提前复习！问题是明天就考试了，我不临时抱佛脚，还能让时光倒流回一个月前吗？

提建议看似是我们想要通过“帮别人想办法”来关心别人，其实往往是一种满足自己“自恋需要”的行为。因为提建议其实是在暗示这样一些信息：“我比你聪明！我比你有办法！我比你更懂人情世故！”不然为什么我提建议你听建议呢？既然如此，对方感到的自然不会是：“谢谢你的关心，太感恩你给我的宝贵建议了！”而是：

“你怎么总是站着说话不腰疼？说风凉话有意思吗？就显得你有想法、懂得多是不是？”

5. 过度提醒侵犯边界

我们再说说“过度提醒”这种关心人的方式。过度提醒，也就是我们常说的“唠叨”。

虽然从感觉上说，“唠叨”这个词是属于父母的。“儿子，你这胡子得刮了吧，你看你邋邋遢遢的！”“闺女，晚上得好好吃饭呀，不能天天吃什么减肥餐，你看新闻里那女孩子减肥都减死了！”然而“我不信任别人能处理好自己的事情，所以我要为别人的事情操心”这种心态其实是每个人都有的。

你有没有对你的伴侣说过：“快把你的东西放好了，我都说了多少次了，下次又找不到了！”你有没有对你的朋友说过：“你这头发得染染了吧，你看颜色都掉了，多影响美观！”你有没有对你的同事说过：“你怎么还没给儿子报幼小衔接班呀！把孩子都耽误了！”

看似是善意的提醒，其实是对他人边界的侵犯，对他人可以处理好自己事情的不信任。看似是温暖的关心，却是在打乱别人的计划、给他人平添烦恼。

你可以这样改变

学会闭嘴，别用“关心”来满足自己的私欲

看到这里，你可能很困惑，上面这些过度关心式假努力的确会给对方带来不舒服的感觉，让你无法把真正的爱给予他人。可是既不能提问也不能探寻，既不能讲道理也不能提建议，连善意的提醒都成了问题，那我要怎么办？

答案是：闭嘴！所谓闭嘴，其实就是学会倾听。而学会倾听，也就是允许对方去呈现。让他告诉你他在烦恼什么、他在思考什么、他在什么方面需要你的帮助。真正以对方为中心，满足对方的需要，而不是打着“关心”的旗号，以自己为中心，满足自己的需要。

过度探寻看起来是关心，其实是在满足我们自己窥探的欲望；过度投射看起来是关心，其实是在倾诉我们自己

的无助；批评、提建议看起来是关心，其实是在满足我们自己的自恋需要；过度提醒看起来是关心，其实是在满足我们自己的控制欲。而倾听，是我放下自己所有的私欲，全身心地关心你是谁、你在想什么。

1. 简单的倾听

最简单的倾听，就是只说“哦”“嗯哼”“这样呀”。不评判、不侵入，对方想说，我就去理解。对方不说，我就陪他待一会儿。反正我不会用我“关心”的言语去虐待他。

2. 主动表达对他人的兴趣

当然，我还可以主动表达对他的兴趣：“能再和我说说吗？”“这个时候你会有什么感受？”“你的想法是什么呢？”我不知道还有什么比知道一个人对我感兴趣，更能令我感到关心与爱意了。原来他对我怎么想、有什么感受如此关心，他一定很爱我吧。

3. 表示理解，将心比心说出他的情绪

我可以表示理解：“和他分手你一定很难过吧！”“面试没通过你一定很懊恼吧！”将心比心说出他的情绪，不仅可以让他感到你理解他、关心他，更可以让他知道自己的这些感受是很正常的，从而得到情绪的释放与缓解。

总而言之，关心一个人说来简单，“闭嘴”足矣。可是关心一个人又真的很难，它要求我们放下自我，带着会被他人影响、同化的恐惧，允许对方呈现自身。除了“伟大”，我都不知道还可以用什么词来形容这一份无私的爱意了。

假努力

方向不对，一切白费

☼ 本节导图

假努力模式：过度关心式假努力

具体表现形式

我们以为自己是在努力给别人“爱”，而对方接收到的只有“焦虑”。

☆1. 过度探寻制造焦虑。

☆2. 过度投射制造无力感。

☆3. 过度提问“钓鱼执法”。

☆4. 过度建议满足自恋。

☆5. 过度提醒侵犯边界。

解决方案

学会闭嘴，别用“关心”来满足自己的私欲

☆1. 简单的倾听：只说“哦”“嗯哼”“这样呀”。

☆2. 主动表达对他人的兴趣：“能再和我说说吗？”“这个时候你会有什么感受？”“你的想法是什么呢？”

☆3. 表示理解，将心比心说出他的情绪：“和他分手你一定很难过吧！”“面试没通过你一定很懊恼吧！”

［美］罗兰·米勒（Rowland S.Miller）《亲密关系》（*Intimate Relationships*）

只要对方满意、大家都喜欢我就行了！我是一个随和的“好人”，其他都不重要！

我不断牺牲自己让别人满意，为什么却越来越缺爱呢？

不用“牺牲自己”道德绑架别人。→我有义务教会别人如何爱我！→用“真我”获得“真爱”是我的责任！

这才是对他人的“人道主义”！

10 削足适履式假努力：

我不断牺牲自己
让别人满意，却越讨好越缺爱

“初桐，中午你陪我去吃火锅怎么样？”朋友一边看店铺点评，一边问道。

“好呀好呀，我都行。”初桐这样回答。然而，初桐的内心是崩溃的：啊，火锅，我昨天才吃过……而且你看的那一家真的性价比很低呀。

“初桐，你帮我去拿个快递呗，我有点事走不开。”同事刚放下电话，就发出了需要帮助的呼唤。

“好呀好呀，没问题。”初桐回答道。然而初桐一边下楼一边想：烦死了，我也在忙呀！因为怕自己在忙不方便取件，我从来都不写单位的收件地址。而你为什么明知道

自己走不开，还非要把东西买到单位，这不是做好了准备要使唤人嘛！

“初桐呀，妈妈和你讲，我看新闻说今年雨水大，很多地方都发生了泥石流，特别可怕。你说你妹妹，还非要去深山老林里徒步，多令你舅舅担心呀，太不懂事了！”

“是呀是呀。”初桐附和道。然而放下电话，初桐开始有些惆怅：本来还在和闺蜜商量周末一起去爬山，“泥石流、深山老林”，去了等于不懂事，让父母担心，那还是算了吧……

“初桐，你听我说话怎么总点头呀？就知道嗯、嗯、嗯！”领导没来由地发难。

“哈哈，是呀是呀。”初桐尴尬地应承。走出办公室，初桐是又委屈又生气：你说话我不点头难道摇头吗？不过都怪我太没骨气，他这么说，我竟然还笑着应承。初桐，看看你自己这副嘴脸，恶心！

现象剖析

无底线满足别人的期待，却没有获得想要的爱

虽然不想吃火锅，但就是无法说出自己真实的想法与需要；虽然自己也在忙，但就是无法拒绝帮助同事拿快递的要求；虽然知道世界没有妈妈说得那么危险，但还是忍不住做出了别人期待的选择；虽然对方简直是在无理取闹，但你还是忍住了怒火，笑脸相迎。这种种行为，其实都是你在通过牺牲自己的需要和感受去“讨好”他人。

你为什么要这么做呢？很简单，你想要别人觉得你是个好人，从而喜欢你。可是为什么“别人觉得你是个好人并喜欢你”对你来说这么重要，甚至不惜牺牲自己的感受与需要呢？也很简单，因为这意味着你可以在充满爱的关系里，不断体验被爱的美好感觉。可是通过“讨好”，你获得了这些东西吗？没有。

为了获得爱与认可，你以自我牺牲的方式努力对别人好，换来的却往往是“不被爱”的体验：你发现别人已经习惯了你的迁就与忍让，习惯了不考虑你的感受与需要，习惯了把你的压抑与付出当作理所当然。你的牺牲与他人的回报早就远远不成正比，这就是我们说的削足适履式假努力了。

为什么会这样呢？“果然好人没好报！”你可能会这样合理化。然而如果我们仔细分析，你就会发现，不是别人得寸进尺、恩将仇报，而是以自我牺牲为手段的付出，必然会造成“不被爱”的结果。

首先，因为自我牺牲，你实际的付出与对方感受到你的付出是很不一致的。同事找你拿个快递，对于你来说，是在百忙之中还答应了他的请求，可是在他看来你就是帮他拿了个快递而已，跑腿费 3 元。在你看来，自己为了父母的安心，取消了周末去徒步的计划，是做出了巨大的牺牲来让对方满意，可是对方可能根本不知道你本来是打算去徒步的。有人无理取闹惹你生气，你的体验是自己苦苦压抑了愤怒的情绪，才没有口出恶言去伤害他，以致自己承受着失眠焦虑的痛苦，可是在对方看来，你面带微笑，对方甚至都不知道你生过气。

你建立在自我牺牲上的付出，与别人从你这里获得的“好处”天差地别。你为了别人牺牲了自己的时间，可是在别人看来就是拿了个快递呀。人和人的交往当然是建立在互利互惠的基础上的，可是对方根本就不知道你为了讨好他，自我牺牲了多少，自然也就不会回报你，而这势必会造成你内心的不平衡，让你感受到“不被爱”的感觉。

不是别人“狼心狗肺、不知感恩”，而是你的自我牺牲毫无必要。如果同事知道你正在忙、不愿意帮忙，他可以找别人拿快递，找那种拿快递就是拿快递、不需要把“自我牺牲”的成本也算在他头上的人。如果父母知道你为了迎合他们的需要而要取消周末的徒步计划，他们可能会非常吃惊地告诉你：“我刚才就是随口一说，人哪能因为害怕危险就闭门不出了，你自己注意安全就是了。”如此看来，我们的“讨好”只是自我感动，又有什么理由去奢求他人的回报呢？

其次，当你牺牲了自己的需要与感受去迎合他人的时候，你身边的人将永远无法学会如何去爱你。你明明就不爱吃火锅，可是却偏偏要说：“好呀好呀，我都行。”那你的朋友就永远不知道你到底爱吃什么，也就不可能知道如何投其所好地去“讨好你”。说不定下一次看你心情不好，还会下定决心要请你吃一次火锅来哄哄你呢！你明明对于他这样说非常生气，可是偏偏压抑不悦，还面带微笑，那么对方就永远不知道你的底线，还以为你挺喜欢他这么和你开玩笑呢！说不定下次找个人更多的场合，还会这样对你说话！父母对你的干涉明明让你很痛苦，可是你从来不表达，父母还以为你就是和他们的意见永远一致的“一家人”，根本不知道你还需要一种爱，叫作“尊重”。久而久之，绝望、愤怒、不被爱的感受成了必然。因为身边人虽然与你相处已久，却始终没有被教会该如何爱你，而你的感受却是：我牺牲了这么多，为什么他们就是不能对我好一点呢？

每个人都有爱的能力，可是没有人天生就会爱你。被爱绝不会建立在不断退让与牺牲的基础上，而是需要你充分表达自己的需要与感受，需要你勇敢地去教导别人如何爱你。

最后，当你为了讨好别人牺牲掉自己的需要和感受时，其实是在用一个“假我”与他人打交道。然后问题来了，一个人说他真的很爱你，对你真的很好，可是你能够安心接受这份爱意吗？不能，你会生怕别人看穿你的真实面目，看穿你其实不想去吃火锅、不愿意帮他拿快递、不愿意做一个乖孩子、不想压抑只想粗暴发泄的真面目。也就是说，你会感觉被爱的自己是一个“冒充者”，别人爱的根本不是你，而是你展现给对方的“美丽假面”。

你可以这样改变

说出自己的感受与需要，是对他人的“人道主义”

为了走出“不断牺牲自己的需要和感受去讨好别人，却越讨好越感觉不被爱”的困境，以下几个“人际交往人道公约”恐怕我们要了解一下。

1. 我不随便牺牲自己，给别人增加不必要的人际成本

我不在自己不愿意动的时候，答应帮别人跑腿。这样，他人就不必承担我为了他牺牲自己休息时间所需要的人情，在下次我开口的时候帮我一个不费力的小忙就可以了。我不委屈自己的需要，也不一味迁就别人的口味，“饭搭子”是为了一起品尝美食、获得快乐的，没有必要让别人每和我吃一顿饭，都欠下一个巨大的人情债。我不忽略

自己的想法，一味迎合别人对我的期待，因为我怎么生活总归是我的事，我不该让别人为我的生活承担责任。

2. 我有义务教会别人如何爱我

即便我准备养一只小猫小狗，我也会先上网查查教程，学习怎么对它们好。我不该异想天开地认为，别人不用经过学习就能懂得如何爱我这个独特的存在。所以，生气的时候，我会告诉别人“你伤害了我”，让对方知道下次不要如此对我。别人的决定不合我心意的时候，我会告诉别人“我并不喜欢这样，为了你的开心我这次愿意迁就你，可是我的确不喜欢”。感到满足的时候，我当然也会告诉别人：“你这样做，我真幸福，以后请多多这样来爱我吧。”

3. 用“真我”获得“真爱”是我的责任

是否在爱中做一个“冒充者”，始终只能由你自己决定。如果展现真我，那么哪怕我只获得过一份爱，我也知道这份爱是百分之百属于我的。如果展现假我，就算我获得一万份爱，我也只是一个“冒充者”，因为没有一份爱是真正给“我”的。所以，被爱或不被爱，从不在于别人，用“真我”换“真爱”从来都是我自己的责任！

☼ 本节导图

假努力模式：削足适履式假努力

具体表现形式

为了获得爱与认可，你以自我牺牲的方式努力对别人好，换来的却往往是“不被爱”的体验。

解决方案

说出自己的感受与需要，恪守 3 个“人际交往人道公约”

☆ 公约 1：我不随便牺牲自己，给别人增加不必要的人际成本。

☆ 公约 2：我有义务教会别人如何爱我。

☆ 公约 3：用“真我”获得“真爱”是我的责任。

假努力

方向不对，一切白费

推荐阅读

推荐你去看我的另一本自我成长图书《不去讨好任何人》哦！

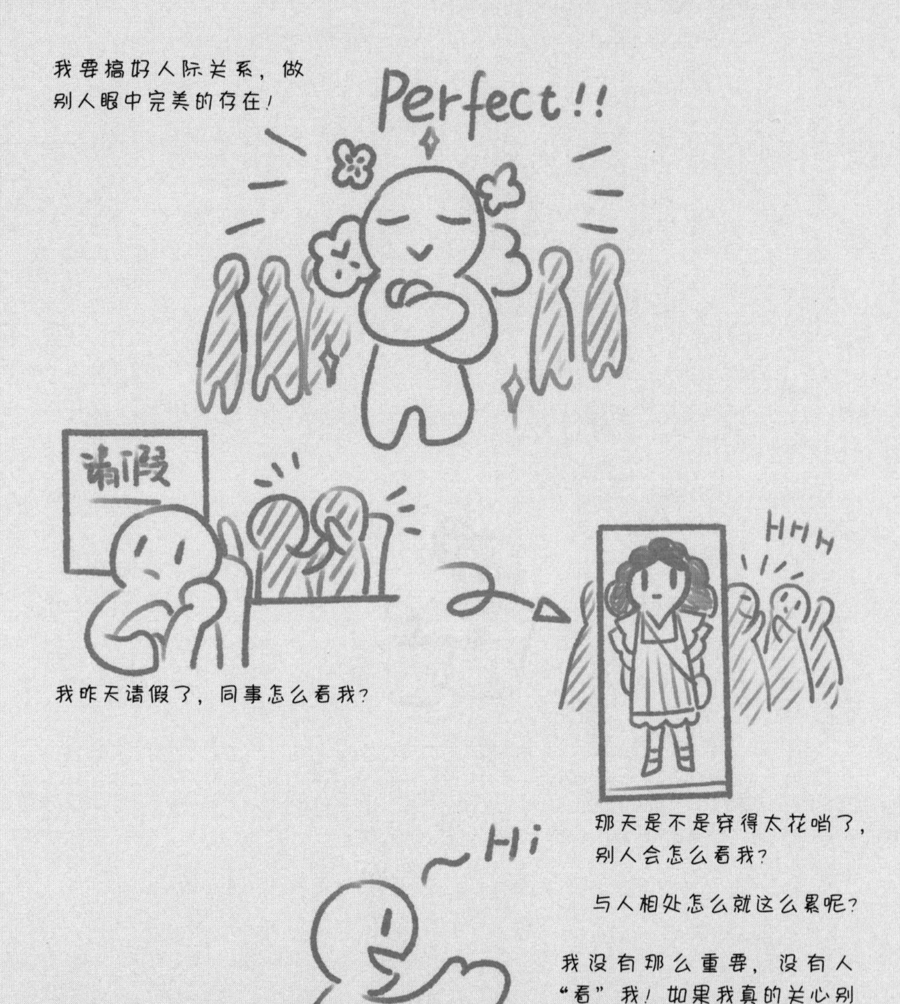

与其纠结“别人怎么看”，不如去问“这样做我怎么想”！

11 想太多式假努力：

特别在意“别人会怎么看我”，为什么还是把关系搞得一团糟呢

知潼发现，自己越来越不愿意社交了。每次与人打交道总是觉得疲惫，甚至羞耻。

先说羞耻。昨晚和同学出去唱K，我也不知道怎么想的，点了一首《难忘今宵》。哎呀，这歌也太土气了吧，自己又唱得乱七八糟，太难为情了，同学们会怎么想我呀！

还有上一次，大家一边喝茶一边聊苏轼，我竟然说了句：“我也喜欢苏轼的豪放：‘唤起一天明月，照我满怀冰雪，浩荡百川流！’”对面的小伙伴默默地来了一句：“这是辛弃疾的词！”啊……我的脑袋是被驴踢了吗？太丢人

了吧！

再说说疲惫。早上给爸妈打电话，他们说姥姥生病了，我却因为想着周末自己要参加一场重要的考试，没有主动说回去探望。这是不是太不孝顺了？家人们会怎么说我呢？所以到底要不要回去呢？纠结得我好累呀！

还有周末，我和朋友去吃饭看电影，吃完饭要结账的时候，突然接到一个很重要的电话，等我回来时朋友已经买过单了。要买电影票的时候，我的手机又连不上网了。她会不会觉得我是故意让她花钱的，觉得我小气呢？不行，我必须找个机会和她解释解释，明天就得赶紧再约她吃个饭，主动买单以表明态度！扳回这局！还上人情！哎，“朋友”这种存在怎么这么难搞呀，与人相处怎么就这么累呢？

现象剖析

别人会怎么看我？别人真没空看你

“别人到底会怎么看我？”是很多人精神内耗的核心。我们时刻想要确认自己的表现在别人看来是不是“优秀”，是不是“友善”，这种不断揣测他人想法的行为模式令人身心俱疲，就好像有一双永不闭合的眼睛，时刻悬在头顶严厉地监督着我们。可是我们却执着于此不知疲倦。

这里最主要的原因，恐怕就是对于爱的渴望与满足自恋的需要了。一方面，我要维护一个“完美的”自我形象。如果我是完美的，“时尚而没有一点土气”“博学而没有一丝错误”“孝顺而没有一点私欲”“慷慨而没有一丝小气”，那我总会获得爱了吧！那么别人就无从对我进行挑剔，我脆弱的自尊心就不会受到伤害了吧！

另一方面，如果我能够待在一个不断被别人定义的状态里，就意味着我帮助他人获得了“神性”，让他们成了我儿时父母般强大的存在，这样我就可以重新体验一种婴儿时被保护、被爱的快乐与安全了！我就又成了无所不能的“婴儿陛下”！

可是结果怎么样呢？只能说是很不理想。因为绝大多数时候，我们以为的“别人会这样想”，完全是一种“幻觉”。这是你为了被爱，为了满足自恋需要，而做出的想太多式假努力。

一方面，你以为别人每天闲得没事做，总在思考、琢磨、评判你。“哎呀，知潼点了一首老歌，真土气！”“哎呀，知潼说错了词的作者，什么都不懂还要卖弄！”“哎呀，姥姥生病了，知潼却没回家探望，真没良心！”而实际上，别人根本没时间思考你。别人一天有那么多烦心事，还要和你一样纠结于“别人会怎么看我”，哪有时间去评价你呢？不信的话，你反思一下，你一天能有多少时间想别人土不土气，想别人有没有良心呢？少之又少，占据你大脑的总是你自己的事情。

另一方面，我们以为的“别人会这样想”，其实不是别人这样想，而是我们自己会这样想。不是别人认为你点的歌太土气，而是你自己觉得自己点的歌太土气。不是别人觉得你不孝顺，而是姥姥生病你却在准备考试，这令你内疚，你自己心里过意不去。不是别人在看你，是你把自己内心的这些批评投射到了别人身上。

你用了很大力气去想“别人会怎么看我”，其实却是自己在和空气战斗。如果这份“想太多”带给你的只是疲惫，那也就算了，权当自己对着空气练拳锻炼身体了；问题是除了疲惫，你的自尊心还会备受打击，你的人际关系还会频出问题，这与你想要的爱与自恋的满足完全背道而驰。

疲惫就不用说了，每天都把“别人会怎么想我”这个问题想上一百遍，换谁谁都累！毕竟“劳动量”在那里。我们重点说说这一行为模式给你的自尊心和人际关系带来的问题。

首先，关于“别人会怎么想我”，你得出的答案永远是自我攻击性的。“别人会觉得我说了傻话、做了傻事。”“别人会觉得我不够乐于助人、不够慷慨大方。”如果真有一个人天天站在你旁边这么打击你的自尊心，你早就打他了，可是这个人是你自己，既赶不走又反驳不了，你只能每天为自己没能做到“完美”而自我苛责，并且自尊心受损。而自尊心越受损就越脆弱，你就越容易因为别人的一句话、一个眼神而受到伤害，最终将自己的脆弱变为关系的脆弱，让你感觉自己总是在关系里受到伤害。

其次，因为你将内心对于自己的评判投射到了别人身上，比如，你自卑于自己没有大学文凭，就总觉得别人嫌弃你学历低；你自责于自己因为工作而忽略了家庭，就总怀疑别人在指责你不负责任。这相当于让别人无辜背锅，当了“恶人”，而你却深信不疑地认为，不是你自己，而是别人对你充满了评判。你把别人塑造得这么丑恶，还怎么和他们做朋友呢？怎么与他们建立充满爱的关系呢？

最后，这种行为模式还会因为“不真诚”而给关系带来巨大的伤害。我经常开玩笑说，两个人沟通，看起来只有两个人在场，可是实际上在场的有很多人：我想让你看见的我，你想让我看见的你；我以为你看见的我，你以为我看见的你；我自以为看见的你，你自以为看见的我。还有，我代表我爸的观点表达的我，我考虑我妈的想法后表现的我；你代表你爸的观点表达的你，你考虑你妈的想法后表现的你，等等。场域里充满了“别人的想法”，唯独没有的就是真实的你和我。而你和我都不在，关系的建立又从何谈起呢？

你可以这样改变

成熟关系的前提是分化——对他人不揣测，对自己不隐瞒

你想要通过不断思考“别人会怎么想我”来获得良好的自我感觉和他人的爱与接纳，结果搞得自己身心俱疲、自恋受损、人际关系乱七八糟。是时候放下心理包袱，活在真实的你与我的互动之中了。

1. 建立“我没有那么重要”的信念

如前面所说，你总是以为别人在看你，而实际上别人根本没空看你。这个信念是一定要时时放在心间的，因为它可以帮助你从一种混乱的人际模式里抽出身来，结束与他人未分化的状态。之前你总是把目光放在别人身上，关

注别人的想法，可是你关心的又不是别人，而是别人怎么看你。就好像你与他人根本不是独立的个体，而是不断纠缠在一起的能量场一般，人际关系自然是剪不断理还乱的。

2.不去猜测“别人怎么想”，而是真正去问

既然你与他人是两个完全分化、完全独立的个体，你就需要明白：“别人怎么想”不是靠猜的，而是靠问的。你不是对方肚子里的蛔虫，你永远看不透别人真正的想法。你以为别人觉得你点的歌太土气，事实却可能是别人觉得你这个人很怀旧；你以为别人觉得你背错了词在冒傻气，事实却可能是别人觉得你这个人敢说话；你以为别人觉得你没有及时回家探望生病的家人是没良心，事实却可能是别人觉得你一个人在外面打拼着实不容易。所以，如果你真想知道别人是怎么想的，与其自己躺在床上思前想后睡不着，不如直接问一问对方：“我这么做，你怎么想？”这就是成熟。

3. 开始觉察“我怎么想”

很多时候我们真正在意的，不是别人怎么想，而是我们自己的需要与被我们内化的客体、文化、主流价值观之间的冲突该如何化解的问题。比如，你小时候爸妈总在你面前抱怨：“你二姨一家真是太自私自利了，每次家庭聚餐时都不买单。”于是你记在了心里：“原来一个人不慷慨大方会让我的父母这么恼火，会被如此诋毁呀！原来吝啬是不被我们的文化、主流价值观接纳的呀！”

于是当你长大之后，每一次都要在花钱这件事上显得自己很慷慨，苦苦压抑自己的私心。可是自私与吝啬是人性不可避免的一部分，免费的午餐谁不想要呢？这会令你的内心非常冲突。但你不去看这份冲突，而是坚持认为自己就是慷慨大方，毫无吝啬之心。最终这种对自己需要的压抑，这种你以为不会被允许的人性，就变成了“别人会认为我不够慷慨”的担心与内耗。所以再说一次，别人没空想你，但是你必须留时间思考你自己：“我怎么了？为什么我会要求自己是完美的？为什么我会认为自己的需要是不被允许的？这有多少来自童年时与父母的互动？父母的价值观真的代表所有人的价值观吗？”

我永远不知道别人会怎么想我，因为我与你是独立的个体，如果我真的想知道，我会去勇敢地询问。但更重要的是，我开始关心自己怎么想了，而不是不停地“胡思乱想”。

假努力

方向不对，一切白费

☼ 本节导图

假努力模式：想太多式假努力

具体表现形式

时刻想要确认自己的表现在别人看来是不是“优秀”，是不是“友善”，以致身心俱疲、自尊心受损、遭遇关系难题。

解决方案

☆ 1. 建立“我没有那么重要”的信念。
☆ 2. 不去猜测“别人怎么想”，而是真正去问。
☆ 3. 开始觉察“我怎么想”。

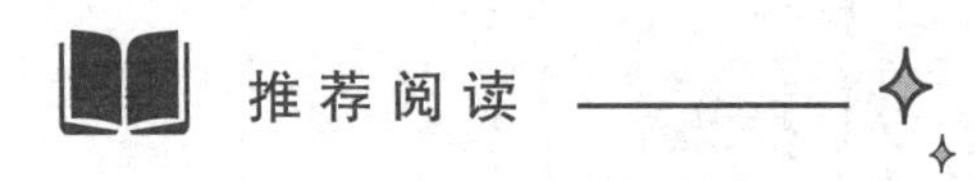

［美］埃里希·弗洛姆（Erich Fromm）《爱的艺术》（*The Art of Loving*）

我要找到“灵魂伴侣”“莫逆之交”！

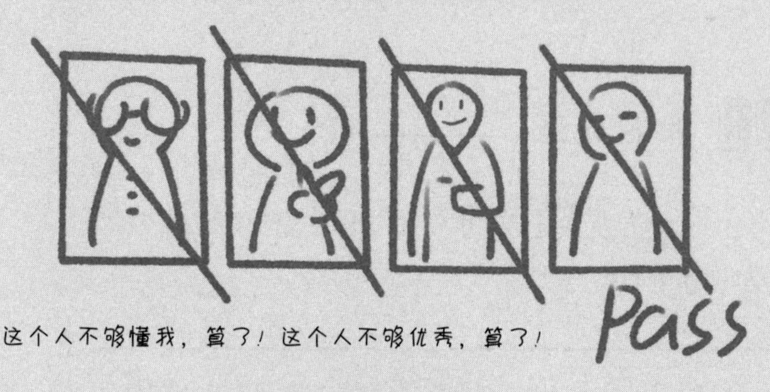

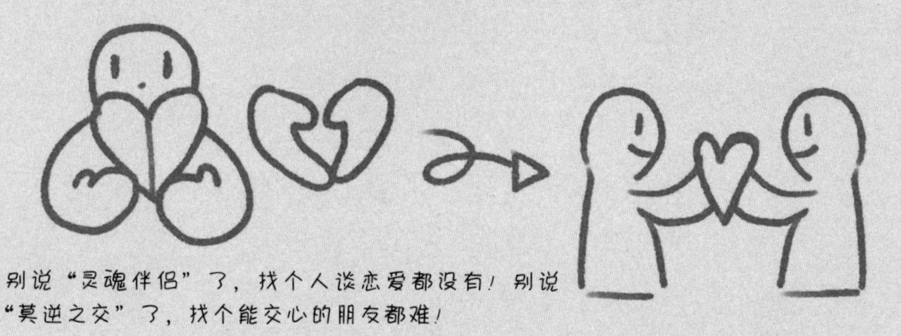

“灵魂伴侣”是爱出来的，不是找到的，我要付出爱而不是寻找爱！

“正是你花费在玫瑰上的时间，
才使得你的玫瑰花珍贵无比”。——《小王子》

12 过度索取式假努力：

试了一个又一个，怎么还没找到那个“爱我的”人呢

“找不到一个合适的男朋友也就算了，可是我怎么连一个能交心的朋友都交不到呢？”一楠一边生气一边叹气，焦急又无可奈何。

去年我和小柔玩得不错，可是小柔这个人很不主动，每次都要我主动约她。虽然只要我约，她总会欣然答应，可是这让我怪累的，拿不准她到底是不是也很喜欢和我一起玩。后来我们也就联系得少了。

最近我和伊宁交往得比较多，可是那天我身体不舒服需要人陪着去医院，她却说在忙。虽然后来她也打来了电话表示关心，我也相信她当时的确走不开，可这总让我觉

得和她的关系欠了点什么，不够浓厚。

诗然其实是个挺有趣的朋友，每次和她在一起，她都有很多好玩的事情讲，可就是不太懂倾听，常常不能满足我倾诉的需要。还是和她维持“比较熟”的关系就行了，成为“挚友”恐怕没有必要。

这个人也不行，那个人也不好，是不是我太挑剔了？这会不会也是我一直找不到男朋友的原因？上个月和我相亲的男博士人挺好，就是不太会支持我、鼓励我，我和他说伤心事他就帮我分析问题，好像是我的错一样。再之前那个……他的车坏了我还送他去超市，他都没有想着回报我一点什么，自私自利。

“人无完人”这道理我也懂，可是我就是没有在这些关系里找到被爱的感觉呀。难道要我委曲求全，随便找个人谈恋爱、随便找个人交朋友吗？

现象剖析

错将“被爱”当作“爱”

在关系里总是感到“不满足”“不满意”“不被爱”，是很多人的真实困境。像一楠说的：“我也知道自己‘有点挑剔’，可是我也不能因为‘人无完人’就降低标准，待在不被爱的关系里委曲求全吧！”听起来挺有道理，可是这里有一个问题：如果人人都等着被爱，期待别人更主动、付出更多一些，那所有人都将得不到“好的朋友”、拥有不了“爱的关系”了。也就是说，很多时候我们错误地将“被爱”的问题当作了“爱”的问题，结果陷入了过度索取式假努力。

错将“被爱”当作“爱”，直接导致以下几个心理现象。

★你会觉得找不到合适的朋友和伴侣，是因为那个“正确的对象”还没出现。于是，小柔不行换伊宁，伊宁不行换诗然，反正地球上最不缺的就是人，总能遇到那个爱我的人！当我们在关系里极度渴望“被爱”的时候，这个逻辑其实很“正确”，我能不能感受到爱，既然是“别人爱不爱我”的问题，那我能做的就只有不断寻找那个能给我足够爱意的人了呀！

我不是说我们不该在关系里寻找被爱的感觉，可是这么找下去，什么时候是个头呢？每一段关系都是蜻蜓点水，每一次付出都是浅尝辄止，深厚的情谊全靠幸运地遇到一个对的人？

《小王子》中说：“正是你花费在玫瑰上的时间，才使得你的玫瑰花珍贵无比。”世界上有成千上万的玫瑰，可是你对我之独一无二，不是因为你“好到完美”，而是因为我对你的付出。所以，大多数情况下，找一个“还算过得去”的人去爱，而不是等一个无比优秀又充满爱的能力的人来爱我，这样我们在关系中体验到的快乐、联结与爱意将大大增加。

能不能感受到“幸福”，与别人的关系往往不大，只要你抱着一种“管你爱不爱我，反正我爱定你了”的态度坚持去浇灌，收获的总会是深情。

★总是期待“被爱”，还会导致我们进入一种婴儿状态，产生对于“无条件的爱”的不切实际的渴望。“为什么这位朋友不能无条件地倾听我、对我好？”“为什么这位异性不能刚一认识就对我倍加关照？”都是这种心理的表现。理智上我们当然知道，成年人的世界是互利互助的，但是在我们心底，总是渴望有那么一个人，可以不因为我的付出、我的优秀、我的善解人意，从一开始就对我青睐有加。

在我们还是一个小婴儿的时候，我们获得的就是这种爱。那个时候我们什么都不会做，但是我们的母亲却无条件地爱着我们。这种爱非常诱人，以至于时至今日我们还在内心深处默默渴求，想要重温那份柔情。但现实是人总要长大，我们必须学会接受“父爱”的模式：“我爱你是因为你最优秀、最像我。”这也是成年人典型的健康关系模式。

有条件的爱看起来“不够纯粹”，但是换一个角度来看，这种爱其实更加可控。因为如果你是无条件地爱着我，那么我就永远不知道你何时会收回这种爱。但如果你的爱是有条件的，那么我只需要满足条件就可以一直拥有你的爱了。

更深入地讲，人在关系里想要获得的东西当然包括“爱”，但这不是全部，我们还需要在关系里获得“价值感”，就是我的存在对他人来说是有用的、至关重要的。而这是一个“被动的婴儿”永远无法体验的，只有你“主动去爱”，才能成为对他人有价值的人，才能在关系中体验被需要的快乐。

★过度在意“别人是不是爱我”，还会让我们把关系中的付出与回报变成一种“交易”，并让我们总是体验不到爱。你过生日的时候我送了你一束花，于是我开始期待我过生日的时候，你也送我一份礼物，以表达爱意。其实我需要的也不是一束花，而是我很在意你是不是“足够爱我”。结果有两种，一种是你没送礼物给我，于是我大失所望，觉得自己受到了欺骗，你一定不够爱我。另一种情况，是你送了我礼物，可是我品味了一下，觉得兴致索然，你送我礼物还不是因为我之前送了你礼物？大概也不是真的爱我。所以我到底要对方怎么做才能感受到爱意呢？不知道！这样想想我也觉得自己实在是莫名其妙。

你可以这样改变

提升爱的能力，不再“等爱来”

想要被爱，可是越追求，“爱”就跑得越远，怎么办呢？恐怕我们能做的就是将“对被爱的渴求”化为“去爱的行动”了。不要“抬杠”！我不是说你要随便找个“渣人”开始自我感动地、自我牺牲地付出，而是说，与其处在纠结于别人是不是爱你的无力状态里，不如去主动地爱他人。因为当你这样做的时候，你会感觉到“爱的悠长”，感到自己的内在有无穷尽的爱可以使用，并感到充盈。而不是等着被爱，却越索取越感到匮乏。

给的人富足，要的人贫穷，“爱”也是如此。你问我怎么才能找到那个真的爱你的人，我却要答非所问地告诉你怎么去爱别人。

1. 当你感觉不到“被爱”时，再主动去爱一次

有的时候，人的确会陷入“他是不是不爱我了”“我在关系中是不是付出得更多”的无助状态，但是这个问题很无解，即便对方充满耐心地一再保证他对我们的爱，即便我们理智上也知道对方在关系中有所付出，但这仍不能消除我们的重重疑虑。这个时候，我们其实可以问自己，“我可以做些什么向对方表达一些爱意呢？”而每当我这样去想、去行动的时候，我都能很快从一种被动无助的状态，进入一种喜悦而有力的感受里：“我才不管对方爱不爱我呢，反正我爱他爱得很快乐。”

2. 练习去爱陌生人

付出总是计较回报，在关系里总是权衡自己被爱得是否足够，这其实是人性的一部分。因为无底线的“大公无私”，会让一个人的生存成为问题。所以，想要在无限的爱中感受喜悦，而非在“是否被爱”中纠结，是每个人都需要刻意学习和练习才能掌握的技能。

一个很好的方法，就是去爱陌生人。你爱你的家人，是因为你们之间亲情的联结是天然而稳固的。你爱你的朋友，是因为你这次帮助了他，他下次也会帮助你。可是你爱一个陌生人，给他帮助、让他喜悦，他并不会回报给你什么。但是反过来，你将建立这样一种逻辑，既然我都能无所求地去爱一个陌生人，又有什么理由不去主动地爱身边的人，而非要因为别人不够爱我，而怨恨并远离他们呢？

3. 提升爱的能力，并耐心等待

为了更好地爱别人，你还可以提升一下爱别人的能力。如何用他人偏好的方式去表达爱，如何更好地倾听、关心别人，如何真诚地表达自己以寻求理解，如何不在关系里内耗而是真正把爱给出去，这些我们在前面章节都仔细讲过了。当你按照这些方法，真正学会了爱别人的技能，抛弃了对“被爱”的执念之后，剩下的就是耐心等待了。

你可能还是会遇到一些人，他们辜负了你的付出，但是这并不重要，因为你已经拥有了爱别人的能力，还怕找不到“爱你”的人吗？

像看一颗种子发芽一样，充满耐心地去看自己的爱发芽，便是赶上了人间好时节。

☼ 本节导图

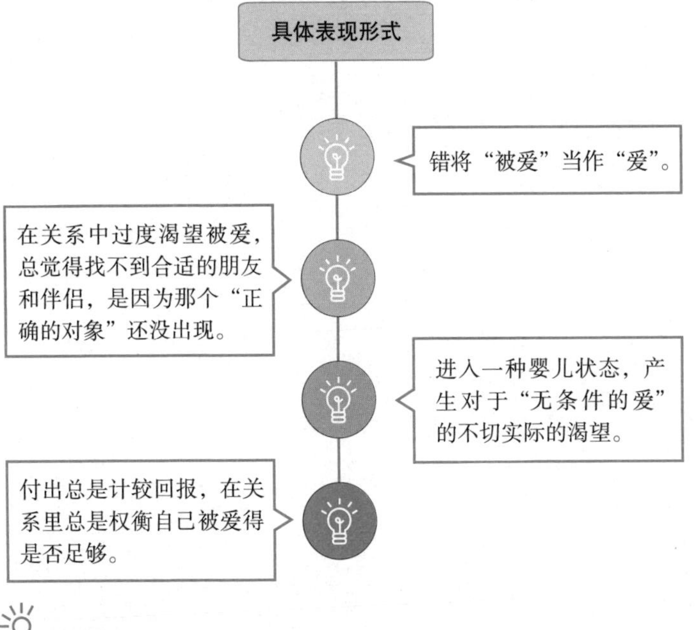

解决方案

3 个方法，提升爱的能力

☆ 方法 1：当你感觉不到“被爱”时，再主动去爱一次。

☆ 方法 2：练习去爱陌生人。

☆ 方法 3：提升爱的能力，并耐心等待。

假努力

方向不对，一切白费

推荐阅读

［丹］克尔凯郭尔（Kierkegaard）《爱的作为》（*Kjerlighedens Gjerninger*）

第3章

提升认知时，量变未必质变，『方向错了』『内核不稳』，一切白费

从问题与痛苦入手，
发现自己心中的“理所当然”！

13 只增不损式假努力：

都说认知决定成败，为什么认知提升没能挽救我的失败

昊承听说，认知水平才是决定人生成败的关键。于是，他下定决心要开始提升认知了！

怎么提升呢？读书，看看所谓厉害的人是怎么思考问题的，以便找到可以指导自己人生的真理。

开始的时候，他读了孔子，孔子可是至圣先师呀，怎能不学！“君子讷于言，而敏于行”，好嘞，少说话多做事。结果昊承发现自己勤勤恳恳干了一年，最后还是年度总结 PPT 做得最好的那个人拿了优秀。

于是昊承想，《论语》大概年代久远、过于理论，“真理”这东西恐怕也要与时俱进、世俗一些才好！那就来一

本《穷查理宝典》吧！“用头脑赚钱，而不是用时间赚钱，依靠出卖自己的时间是永远不能致富的。你必须拥有股权，一个当你睡觉时还能赚钱的方法，才能帮你实现财富自由！”这说得着实有道理呀！于是昊承赶紧开了个账户，把自己有限的存款都放进去做投资理财。结果没过多久，昊承就发现，幸好自己的存款“有限”，不然亏的钱就更多了！“哎，认知还真是决定人生成败，我要是不去提升什么认知水平，也不至于这么失败！”

后来，昊承觉得自己实在是没有成功、赚钱的命，不如提升认知水平，活得“佛系”一点吧！六祖慧能说：“本来无一物，何处惹尘埃。”《金刚经》说：“一切有为法，如梦幻泡影，如露亦如电，应作如是观。”一切都是空的，都是虚无的呀！本来不成功就不成功，我这日子过得还是热热乎乎的，现在可好了，心里冰凉冰凉的，干啥都没意思！

最后，昊承终于“想明白”了，认知提升根本就是骗局！不然你告诉我往哪里算提升，谁说的才是真理呢？！

现象剖析

拼命向外追求真理，而不向内打破固有认知

说到认知提升，你就以为是要寻找一个“真理”，可是找了半天，发现自己知道了不少“真理”，但是不仅没提升认知，脑子还更混乱了。原来靠着朴素的价值观“做事要诚实守信、待人要宽厚博爱”活得还挺明白，提升了半天，现在我也搞不清是该追求自我还是该心系天下。“过自己想要的生活不是自私，要求别人按自己的意愿生活才是”“计利要计天下利，求名应求万世名”，哪个是更高的认知层次呢？是信吸引力法则“你以什么频率震动，就会吸引什么样的人与事”，还是信“一分付出一分回报”？提升多了，你只觉得没有一个“认知”谈得上“高明”，还不如糊里糊涂过日子算了！

其实，认知提升当然重要，认知水平也的确决定人生成败，但是什么是高认知水平呢？不是你掌握了宇宙的奥

秘、人生的绝对真理，而是你能打破固有的认知模式，发现世界原来可以和你想的不一样。换句话说，就是走出唯一真理观，走出只增不损式假努力。

比如，二十年前我们聚餐，谁要是敢提各付各的钱，那估计是要一辈子没朋友了。可是后来我们知道餐费是可以 AA 制支付的，不要说同事朋友，就是夫妻、父母与子女间也可以各付各的饭钱。“原来还可以这样！”这句感叹就叫做认知提升。不是说 AA 制一定好，更不是说我以后必须坚持践行 AA 制，但是我们从此知道，人际关系还可以这样搞。这就叫开阔与眼界。

再比如，从小到大如果我有事没有做好，父母就会责怪我。所以我一直认为如果我不够优秀，就不值得被爱，并因此对他人充满了戒备与不信任。可是有一天，我看到一个小女孩因为被老师批评而悲伤哭泣，她的妈妈却抱着她安慰她说：“我知道你很委屈、难过，没关系，妈妈陪着你。”我大受震撼，心想：“原来还可以这样！”这也叫认知提升。因为我从此知道，原来我只是小的时候不太幸运，而这个世界上有很多温暖的人。我没必要总是害怕被苛责而远离人群，而是可以去寻找这样的爱意与包容。我也会开始思考，大概我不必完美，也值得被爱吧。这就是成长与疗愈。

也就是说，所谓认知提升，不是向外寻求真理，而是对内打破固有的思维模式。不是争辩到底谁的理论才是对的，而是如何能够拥有看问题的更多角度，从而让自己更自由、对别人更包容。

这就是我将这种“把寻求真理与认知提升画等号，而搞不清认知提升到底是怎么回事、目的是什么”的行为模式叫做只增不损式假努力的原因了。“为学日益，为道日损。损之又损，以至于无为”，认知提升就是这么个过程，每天接触不同的人、文化、思维模式，这是为学日益。而更重要的，是“为道日损”，学了这么多，不是为了用一百种“真理”武装自己，而是为了打破自己一个又一个对人、对事、对世界的刻板印象，知道没有什么是绝对的。然后你就会因为认知提升，而“打遍天下无敌手”了，因为你不再见谁都打自己那一套拳，而是“损之又损，以至于无为”，你的拳法已经没有固定的模式与套路，可以变化无穷了。

你可以这样改变

允许自己被外界影响

听起来很容易是不是，想要认知提升，连书都不用读了，打破自己固有的认知模式就行了！然而，读书容易、信至圣先师容易、按权威的指导行事容易，打破自己固有的认知是真的不容易。好在我们做一件事的原因从来不是“它容易做”，而是它真的会对我们有帮助。

1. 从问题与痛苦入手，发现你的“理所当然”

想要打破自己的固有认知模式，最简单的方法就是发现自己信念中的“理所当然”。可既然是“理所当然”，我要去哪里发现呢？去问题里发现、去难受里发现。

举个例子，“我这么辛苦为什么赚不到钱呢？”这是个问题吧，这很让你难受吧！那就从这里入手好了。然后去想想关于金钱，自己有什么理所当然的信念。比如，“人唯有靠节俭才能积累财富”，然而这真的是理所当然的吗？你可以自己思考，也可以看一些讲财富的书，还可以观察一下身边的有钱人。你会发现，“不对呀，真正能赚钱的人都很会花钱，不是‘守财奴’”。

到这里，你千万不要又回到固有的认知上面去，从而想“他们是因为有钱了，才会花钱的，人还是要靠节俭积累财富”。要牢记，自己好不容易找到了一个固有信念，找到了一个认知提升的机会，千万不能放过。于是你顺着“可能正是节俭使我无法拥有财富”的思路，找到“一味省钱无法让人变富有，而要学会用金钱买自己的时间，用自己的时间创造价值获得财富”这一富人思维，完成一次认知上的提升。这次提升无关乎“真理”，而是能切实解决你问题的实践指导。你没有因此变正确，却因此真正变聪明了。

再说一个人际关系中的例子，“每次爸妈唠叨得我心烦意乱，我都出于孝道，默不作声，不和他们顶撞。可是那天我妈却阴阳怪气地说：‘儿子长大了，都不愿意和我们说话了！'”你忍了半天，结果人家还不满意！这是个问题吧，这让你很难受吧！太好了，认知提升的机会又来了。关于自我表达，我有什么固有认知模式呢？“如果我表达对父母唠叨的不满，他们会感到被攻击从而深受伤害，这样做太不孝顺了！”然而这是真的吗？显然不是，你妈就对此很不满呀。所以，到底怎样做才对呢？这个固有信念能打破吗？这会是问题的关键吗？

你可以看一些讲沟通的书，或者自己尝试与父母沟通的新方法。然后你就会发现，当你说完：“妈，你唠叨得我心烦意乱！”你妈不仅没生气，还挺欣慰于你终于告诉了她你的需要，而不是用沉默来被动攻击。于是你的认知又提升了，表达不满不是总会给关系造成伤害的，有的时候默默忍受才是对关系的不负责任。

2. 对经验敞开，允许自己被外界影响

话说回来，活着本身就是认知提升的过程，我们每天都在与他人打交道，每天都会经历一些不同以往的事情，在这些经验中，其实蕴含着无穷无尽的认知提升的机会。

问题是，你不愿意对这些经验敞开自己，而是固步自封地待在自己的认知里面不出来。

你下楼买菜遇见个老大爷，如果你和他交谈，他就可能告诉你他刚刚环球旅行回来。你就会被击中："还可以这样？原来人不一定要为了家人而活，自己活得精彩也可以拥有无限喜悦。"问题是你根本不和他交谈，就算是交谈了，你想到的也不是用老大爷的事例打破自己的固有认知，而是用自己的固有认知去评判老大爷："这老头，一点都没有奉献精神，现在正是儿女需要他带娃的时候，竟然自己跑出去环球旅行了！"

你一直以为别人开你玩笑，就是故意要伤害你，可是那天中午吃饭，邻桌的一对情侣一直在相互开玩笑，各种亲亲抱抱。你本可以再次提升认知，"别人开我玩笑的本意可能并不是要伤害我，而是想对我表达友好。虽然我确实会感到难受，但我可以试着去理解。"可是你没有，你再次拿你固有的认知堡垒去防御："这两个人真是臭味相投，看着吧，不到一周肯定分手！"

然而你为什么不愿意对经验敞开自己，打破固有的思维模式，去提升认知呢？美国著名的精神医学家哈里·斯塔克·沙利文认为，一个人之所以不愿意对经验敞开自己，不愿意对现实中的事件进行整合，以帮助自己更好地生活，原因在于童年时形成的一种自我保护机制。旧有的认知模式之所以存在，不是无缘无故的，它是你的自我保护。

“人应该对家人有奉献精神”帮助你远离了被家人责怪的焦虑，“开我玩笑的人都心怀恶意”帮助你远离了自尊心受伤害的痛苦。现在让你脱下这层层铠甲，放弃一座座自我保护的堡垒，无疑是恐惧而艰难的。然而，所谓成长不就是抛开“父母的庇佑”，勇敢面对真实的生活吗？所谓认知提升，不就是对经验敞开自己，允许自己被外界影响吗？

☼ 本节导图

假努力模式：只增不损式假努力

具体表现形式

拼命向外追求真理，而不向内打破固有认知

解决方案

☆ 1. 从问题与痛苦入手，发现你的“理所当然”。
☆ 2. 对经验敞开自己，允许自己被外界影响。

推荐阅读

陈嘉映《走出唯一真理观》

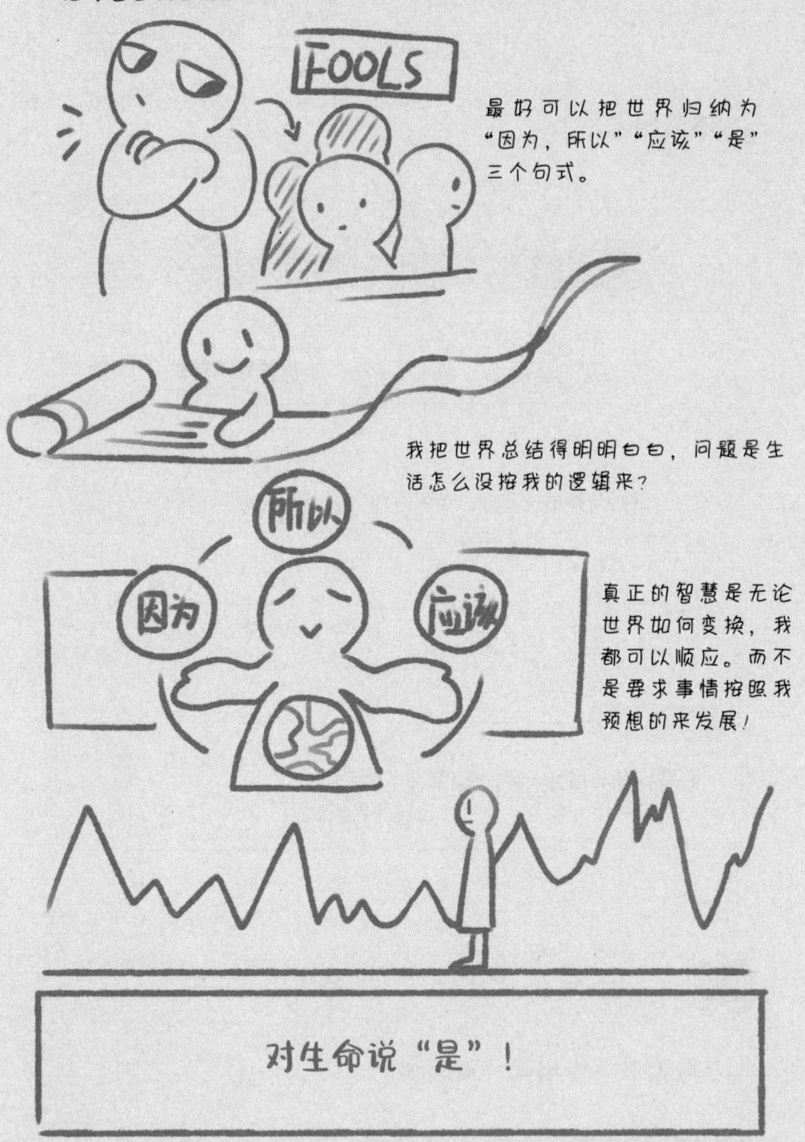
我要掌握世界的运行规律，
指导自己的生活！
FOOLS
最好可以把世界归纳为
“因为，所以”“应该”“是”
三个句式。
我把世界总结得明明白白，问题是生
活怎么没按我的逻辑来？
所以
因为
应该
真正的智慧是无论
世界如何变换，我
都可以顺应。而不
是要求事情按照我
预想的来发展！
对生命说“是”！

14 建立秩序式假努力：

看别人都是低认知傻瓜，问题是生活怎么没按我的逻辑来

“××人都是小偷！××人都是奸商！有钱人都生活奢侈、趣味低俗！”

你听着对方的话，懒得和他争执，心想：这认知水平，纠正他都是在浪费自己的时间！

“你听说了吗？同事小张违反单位的规章制度，被通报批评了！这种人，我们可得离他远一点！”

你听着这样的论调，内心翻了一百个白眼。心想：公司的规章制度是为了管理人，目的就是让员工听话，以发挥其最大的生产价值。你却拿这来判断人的善恶好坏，还做出了行为上要远离他的决定，也不知道是我缺心眼儿还

是你缺心眼儿。

“太不公平了！我明明比她长得漂亮，凭什么她嫁得比我好！”

你听着对方的抱怨，也不知道怎么回应。看她委屈的样子，的确很值得同情，是呀，凭啥呀！但问题是，长得漂亮就一定嫁得好，这到底是什么神逻辑？竟然还好意思理直气壮地说出口！

你觉得这些人认知水平低，很不可理喻是吧？其实在高认知层次的人眼中，我们的很多想法也同样不可理喻：看问题绝对化、自我设限，并熟练运用固若金汤的因果规律！

现象剖析

总想用理智建立生活的秩序，却因此坠入低认知层次

1. 看问题绝对化

我们从低认知层次的第一种表现形式，“看问题绝对化”说起。

为什么一个低认知层次的人看问题会绝对化？因为绝对化可以帮我们更容易地掌控世界！我听说有的 ×× 人做生意很不诚信，这让我感到危险。如果我保持着“×× 商人当然有好有坏”的认知，那么我要是被骗了怎么办？你说让我好好甄别？我有那么高的能力甄别吗？于是我说：“×× 人都是奸商！”这下简单了，以后绝不和 ××

人做生意，宁可错杀一万也不放过一个。从而恐惧消失，一切再次尽在掌控。

为了掌控世界而在理智上建立绝对化的秩序，企图用有秩序的逻辑进入高认知层次，用高认知层次更好地指导生活。而实际上，却因为绝对化，使自己急速坠入低认知层次，让生活更加失控。就这样，陷入建立秩序式假努力的恶性循环。

你可能会说，我对人没有这种刻板印象，话别说得太早。比如，看问题绝对化有一种很典型的表现形式，叫做“二元对立”。“一个人要不自私要不无私。不顾他人满足自己或者牺牲自己成全他人，二选一。”于是即使你再不方便，也没法拒绝别人的请求，因为“拒绝的话，我就是一个自私的人了。”你真的不知道人是一种在自私与无私中不断穿梭的复杂生物吗？不是的，你只是为了无限掌控别人对你的爱与接纳，将人性绝对化了。

再比如，我们在关系中的“移情”。移情是一个精神分析术语，意思是说患者会将自己过去对于父母的某些情感转移到心理咨询师身上。比如，小的时候我爸爸特别严厉，于是我就固执地认为我的心理咨询师也是一个严厉的人，所以在他面前我总是忐忑不安。移情不只发生在心理咨询室里，生活中也无处不在。

比如，我不敢把我的好建议说给主管听，因为小的时候每次我说出自己的想法，爸爸就会用讽刺的口吻来挖苦我，于是即便我的主管，也就是我现在生活中的权威，很喜欢有想法的人，我仍然“移情”地认为，自己会受到羞辱。这同样是“看问题绝对化”的认知错误，我以为只要是权威都和我爸一样，这不是绝对化是什么呢？为了不被别人挖苦，拥有对自己内心平静的掌控权，你再一次将他人绝对化了。

看问题绝对化，看起来是一个低认知层次的问题，好像是一个人思考力不足、受教育水平低导致的，而实际上却是我们对于世界和他人掌控欲的结果。我在第一篇表达过这样的观点：自控力不是靠提升得来的，而是释放出来的。在这里我想说：高认知层次往往也不是靠提升得来的，而是释放出来的。怎么释放呢？减少对世界的掌控欲，就这么简单，具体方法在后面讲解。我们先来看看你为了掌控世界，还在自己的理智和逻辑里建立了怎样的低认知秩序，做了哪些为美好生活谋划的“假努力”。

2. 从“是”推导出“应该”

低认知层次的人还有一种坚定的逻辑秩序，就是从“是”推导出“应该”，也就是我们说的自我设限。“公司的规定是这样的，所以每个人都应该严格执行”是我们刚刚举过的一个例子。你真的不知道所谓规定就是一个人拍脑袋定出来的，遵不遵守、遵守到什么程度是可以商榷和博弈的吗？你当然知道，但你还是固执地将自己限制在了规定里。意思就是，别人怎么制定规则我实在是控制不了，于是我严格遵守规则，与它保持一致，就在一定程度上拥有了对它的掌控感。

我们脑海里其实充满了无数这样的逻辑。比如，“与人为善是好的，所以我应该对每个人好”，结果你将自己限制成了一个遭人嫌弃的“烂好人”。你没听说过“农夫与蛇”的故事吗？不可能，你只是需要固守一个与人交往的原则，而不是在复杂的人际关系中不知所措地浮沉。

再比如：“大家都说奋发图强是好的，所以我也应该‘卷’起来！”结果你“卷”得情绪焦虑、身体糟糕、家人不满。你真的不知道“生活方式是自己的选择”吗？也不是，只是大家都在“卷”，你不“卷”就心慌呀。与其战战兢兢地自己去探索一种生活方式，不如充满掌控感地将自己限制在主流的生活方式中！大家都是这样的，怎么会错呢？

其实从“是”推导出“应该”的低认知思维中发现漏洞并不难，但是我们为了“安全感”，为了通过遵守世界的规则而拥有掌控感，固执地不愿意看破。要是真能从“是”推导出“应该”，那就有了以下命题：“死亡是必然的，所以我应该赶紧去死。”“这个世界是弱肉强食的，所以我应该恃强凌弱。”“好人是不一定有好报的，所以我再也不应该做好事。”然而，人都会死，我仍然努力地活着。虽然这个世界弱肉强食，我仍然愿意平等待人。好人不一定有好报，我仍然敢于善良。不论世界和他人是如何的，我都可以做出自己的选择，而不是陷在应该里。这才叫高的认知层次，这才叫真实的活，这才是最有力量感、安全感、掌控感的成熟生活模式。

3. 固若金汤的因果规律

那我们最后再说说低认知层次的人脑海中“固若金汤的因果规律”。比如那些看起来很正确的因果规律，“原因：努力劳动，结果：得到更多报酬！”这是不是很正确呢？那可不一定，万一老板“跑路”了呢？万一老板心理变态，就是见不得别人比他努力呢？如果你将努力劳动与获得更多报酬建立强因果联系，那么你就会产生不满，生气、委屈，以及“受不了”。“凭什么我干得比他多，钱却拿得比他少呀！世界太不公平了，我活不下去了，我要去跳海！”

再比如：“好人，一定有好报！”这是不是也很正确呢？那可不一定，骗子专挑好人坑！你认为做好人是因，必然有好报的果，现实有时却会让你痛苦。

我不是说我们不该相信“付出总会有回报”，不该相信与人为善的处事规则，而是说没必要为了拥有掌控感，而把这个拥有随机性的世界全都搞成了固若金汤的因果规律。“原因：太阳在过去的每一天都会升起，结果：太阳明天还会升起”，这都是一件说不准的事情，说不定哪一天太阳系就遭受了“黑暗森林打击”呢？允许事情不按我的因果规律来，才不会因为过度的掌控而让自己生活在不断的失控里，内心才能体验到平静与接纳。

你可以这样改变

2 个方法提升认知

一个人想要提升认知，其目的除了“认知变现”，一定还包括“拥有平静而喜悦的心灵品质”。我们这章提到的“低认知层次”带来的最大问题，恐怕非内心的狭隘感、被束缚感、不满与怨恨莫属了。

那要如何通过认知提升，来拥有内在的开阔、自由与喜悦呢？首先，前面提到的三种为了掌控世界而被世界掌控的思维模式，千万要时刻警惕，尽量不要身陷其中。具体来说，下面两个方法非常有用。

1. 对生命说“是”

我们前面已经分析过，令一个人陷入低认知层次的是对世界和他人的掌控欲。所以，减少一些掌控欲将是很有帮助的。一个很简单的方法，就是对生命说“是”。

我不预期努力一定有回报，我只负责努力，至于生命回报给我什么，我都将接纳地说“是”。我不认为外向的人一定更容易获得成功，我对我内向的性格说“是”，而不在固若金汤的因果规律里自我苛责。我尽量不先入为主地形成对他人的刻板印象，而是对他人说“是”，去看见真实的他是怎样的。

如果你觉得这太难了，可以先从一些小事做起。比如，对头疼说“是”，既然它发生了，那么就休息一会儿，而不是强迫自己继续工作。对朋友的邀请说“是”，而不是固守着自己的计划与安排。对来舔你手背的宠物说“是”，放下手头的事抚摸它一下。

这是一种非常好的“正念练习”方式，接纳而不是控制，允许生命流经你的态度，就是认知层次的提升。

2. 拥有定义世界的主动权

当然，作为一个俗人，我们也不好认知提升得都去山里当和尚了。所以，我再和大家讲一讲事情的另一面，就是拥有定义世界的主动权。

过去，在低认知层次里，我们掌控世界靠的是“看问题绝对化，自我设限，熟练运用固若金汤的因果规律”，也就是把世界“是什么”的问题绝对化。我们在这种固化里顺应所谓的规律，以获得安全感。然而现在，在高认知层次里，我们可以继续掌控世界，但是这次掌控和以往不同，我们不再将世界“是什么”固化，而是通过牢牢掌控“我可以做什么”的主动权，间接掌控世界。

比如，我才不去摸索“到底内向还是外向的人更容易获得成功”的客观规律，我能做的就是努力去奋斗。如果我是一个内向的人并最终取得了成功，我就创造了一个“内向者取得成功”的世界，这是我的“创造”，我会体验到很强的掌控感！再比如，我才不去思索“生命是有意义还是没意义”的问题，我能做的就是不断为他人创造价值。如果我通过这样做给自己带来了价值感，给他人带来了幸福感，那么我就创造了一个“有意义”的生命。要记得，我不是掌控了“生命是有意义”的规律，而是我定义了生命的意义。

与这种不论世界如何我都做出自己决定的掌控感相比，摸索世界的规律并顺应它以谋求安全的掌控感早已不值一提。

对生命说“是”，不将秩序强加给不可控的世界，同时不放弃定义世界的“主动性”，这份认知提升，远不是任何具体知识可以替代的。

假努力

方向不对，一切白费

☼ 本节导图

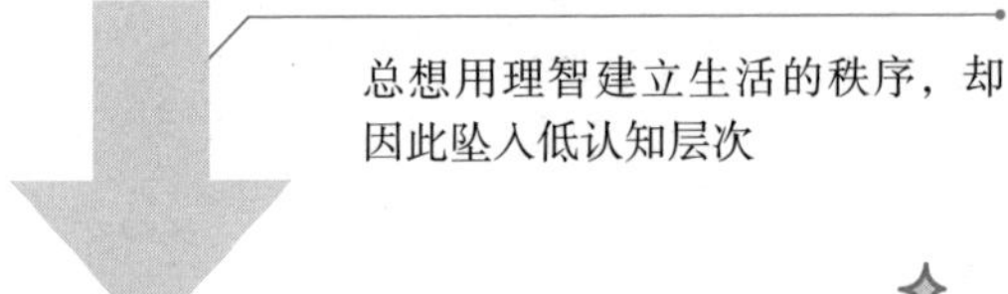

具体表现形式

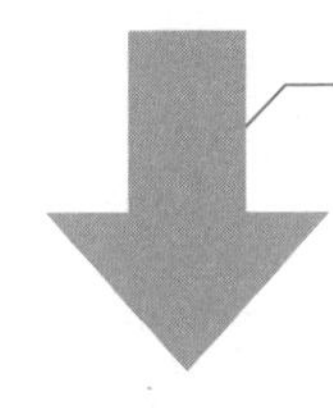

总想用理智建立生活的秩序，却因此坠入低认知层次

希望用“看问题绝对化、从‘是’推导出‘应该’、固若金汤的因果规律”的逻辑模型来掌控世界，却越掌控越失控。

解决方案

☆ 1. 对生命说“是”，不将秩序强加给不可控的世界。
☆ 2. 拥有定义世界的主动权，不被外在规律所影响。

推荐阅读

［德］露特·E. 施瓦茨（Ruth E. Schwarz）、［德］弗里德黑尔姆·施瓦茨（Friedhelm Schwarz）《具身认知》（*Self Influencing*）

［澳］奥南朵（Anando）《对生命说是》（*Say Yes To Life*）

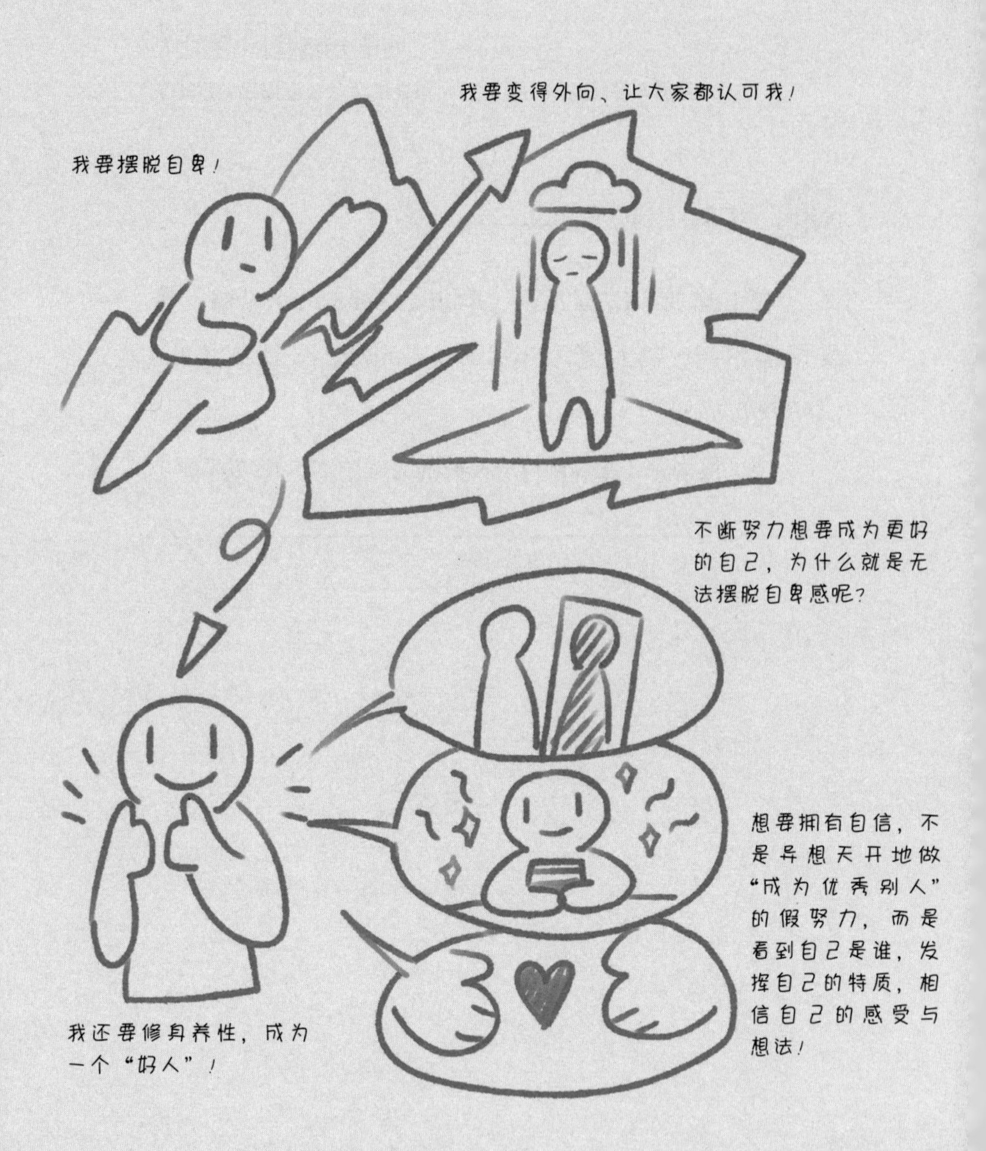

成为更好的“自己”，
不是更好的“别人”！

15 成为别人式假努力：

不断努力成为更好的自己，为什么就是无法摆脱自卑感呢

逸轩一直知道，自己是一个很自卑的人。这份自卑一方面来源于家庭的客观状况，父母都是工人还下了岗，家中的经济条件无法给自己带来物质上的自信感。

当然，逸轩也知道，自卑这事也不全在于家庭条件，主要还是看自己行不行。他不光要取得外在成就，更要在内心拥有一种自己足够好、自己的确厉害的信念和感受。于是，为了摆脱自卑，重塑自信，逸轩开始了“成为更好的自己”的努力。

什么是更好的自己呢？什么样的自己才能够被大家认定为“行”呢？经过一段时间的冥思苦想，逸轩找到了几

个重要的突破点。

首先，要改掉自己内向的性格！想成功，但是总喜欢自己玩、不愿意社交的性格怎么行呢？必须改！很快，逸轩开始频繁出现在各种大规模聚会中，并不断地告诉自己：“要主动建立自己的圈子！”“一定要表现得很外向，每个人都喜欢有趣的人！”

其次，要多考虑别人的想法与感受！因为这就是大家口中的“好人”呀。这样才能被认可、被喜欢呀。大家都认可我，我才能知道自己足够好，我才能自信呀！

最后，还要消除掉自己内心一些不够好的想法！不仅别人要认可我足够好，我还要发自内心地知道自己是足够好的。那就不能埋怨父母没有给自己提供优越的生活条件！不能总是怕别人占自己便宜，在利益上斤斤计较！不能总是抱怨工作不顺心，要感恩生活！

按照这三个思路，逸轩付出了长时间的努力。可是他发现，自己努力了很久，不仅没有取得外在的成功来提升自信，甚至在内心体验上，自己的自卑程度也是只增不减。为什么努力成为更好的自己，却还是无法摆脱自卑感呢？

现象剖析

为了自信努力成长，却在成为别人的路上愈发自卑

为什么努力成为更好的自己，却越来越自卑呢？答案很简单，因为你把“成为更好的自己”搞成了“成为别人的修行”。你到底要成为的是谁，是“自己”还是“别人”？最基本的问题都没搞清楚，就开始了成为别人式假努力，怎么可能不事与愿违呢？

一说要摆脱自卑、重建自信，我们就会想到“成为更好的自己”。而一说到“成为更好的自己”，我们就会开始“树标杆、立典型”。我也不管我是谁，我就是要凭着自己的观察与想象，看看得到认可并自信满满的“别人”是什么样子的，然后按照这些标准，在真实的自我之外建立一个理想的自我形象。我不管这个理想自我是“外向幽默的”“宽容大度能为他人着想的”，还是“没有私心永远积极向上的”，反正成为“标杆”就是我们成长的目标。

我们以为只要成了这个理想的“别人”，自己就完美了，自信自然就来了。然而事实是，对比着这个从“别人”演变来的理想自我，更加凸显的，是你的不完美而不是完美，你获得的是自卑而不是自信。

1.“自我提升”就是厌弃现在的自己

成为“标杆”意味着对真实自己的不接纳。我就是一个内向的人，3 岁的时候我就不喜欢和小伙伴一起疯跑，8 岁的时候老师因为我不喜欢参加集体活动找过我的家长，14 岁的时候我有两三个要好的朋友，但是仍然不喜欢吵闹的环境。然而，突然之间，为了“成为更好的自己”，我要变成一个外向的人了！为了取得成功、拥有自信，小白兔要变大灰狼了！

这怎么可能呢？你不仅做不到，而且把自己为难得很辛苦，然而最重要的是，你会越来越没有自信。第一，你想成为一个善于社交外向的人，可是你就是做不到，勉强出门参加聚会也让你十分难受。于是你就会开始自我批评：“难怪你一事无成，这么点小事都做不好！”“还说要自我提升，你这个性格活该窝囊！”本来你还没这么自卑，结果越是要成为“别人”，越是发现自己在成为别人这件事上的无能，自卑感与日俱增。

第二，不同特质的人本应拥有不同的生活方式，内向的人应该发挥所长，做一些需要专注力的工作，发展深度的友谊。外向的人也应该发挥所长，做一些需要大量沟通、不断切换状态的工作。这不是挺好的吗？可是你现在非要成为别人，也就是去做自己不擅长的事情，结果不论你怎么努力，也做不到像本身就擅长此事的人那么好，从而更加感觉自己能力不行，什么都做不好。

第三，很多时候，你要成为的那个“别人”，根本不是别“人”，而是“神仙姐姐”。“一个足够好的人，就不应该埋怨父母没有给自己提供优越的生活条件！不能怕别人占自己便宜，在利益上斤斤计较！不能抱怨工作不顺心，要感恩生活！”理想很美好，问题是你能做到吗？做不到。做不到会怎样？你会再次陷入自我批评：“我怎么这么坏！”“我怎么这么自私！”“我怎么这么不知道感恩！”于是，自卑感愈演愈烈。

所以，成为“更好的自己”很好，但是千万别把美好的成长，弄成了“强己所难”的自我折磨，自信的建立在于接纳自己、爱自己如自己所是，而不是你成了多么优秀的“别人”。

2. 追求认可就是忽略“我怎么想”

什么是自信呢？我认为自信指的是一种相信自己感受与想法的状态。我对这个问题有自己的看法，但是我不敢说，怕自己说得不对，这是自卑。与之相反，对这件事我有自己的看法，虽然我说的不一定全对，但是我的观点很重要，我要表达，这就是自信。再说感受，我现在感到愤怒，但是我不能接纳这种感受，我怎么能愤怒呢？愤怒是不好的，这就是自卑。与之相反，我感到愤怒，这很正常，他这么说话换谁谁都会愤怒，这就是自信！

然而，我们是怎么在“成为更好的自己”这件事上与上述状态渐行渐远的？对于很多人来说，成为更好的自己，也就是成为被父母、社会等“别人”认可的那个人，唯有得到了他人的认可，我才能自信，逻辑很顺吧。然而问题来了，既然你要获得别人的认可，你要时常问自己的问题就一定是“别人的想法是什么？别人的感受是什么？”而绝不会是“我的想法和感受是什么？”别说相信自己的想法与感受了，时间久了，你连自己的想法和感受是什么都不知道了。自信要从何谈起呢？

你可以这样改变

看到自己是谁，发挥自己的特质

想要拥有自信，关键不在于你在成为“优秀的别人”的路上走得多快、多远，而在于你能否停一停，回过身来温柔地拥抱真实的自己。

1. 接纳你的特质，看到自己的“好”

既然自信是一种爱自己如自己所是的态度，是一种“我足够好”的底层信念，那么我们首先要做的就是接纳自己的特质。比如，在一种更倡导“外向”性格特质的社会文化下，内向的人很可能不愿意接纳自己不爱与人交往的性格特质，觉得自己“性格孤僻”，没有拥有令人满意的性格。其实你完全没必要为此自卑，内向的人自有其优势，耐得住寂寞搞学问，因为不需要大量社交而有更多时间来钻研自己喜欢的事情。看到并接纳自己的特质，并将它发挥到极致，你就会开始感激并自信于自己有着这么可爱的一份人格特质，而不是在成为“外向的人”的路上不断地自我贬低了。

再比如，有一些人天生“敏感”，非常善于捕捉别人的情绪、态度，还特别容易“伤春悲秋”。如果你是个女孩子，可能还好一些，谁还没有一颗林黛玉的心呢？如果你是个男孩子，那么自我接纳就非常困难了。“我怎么这么敏感？我怎么这么脆弱？我怎么总是有这么多的情绪要处理？”同样，你也本没必要觉得这有问题，并为此自卑。要是人人都不敏感，那么人类从文学到艺术的辉煌就不可能存在。看到并接纳自己的特质，好好利用它。“敏感挺好的呀，我可以写忧伤的诗，画不同寻常的画。”把它当作生命给你的礼物，而不是在“脱敏”的路上挣扎，自信自然就到来了。

2. 趋于合一，常问“我的想法与感受是什么”

你需要学会不断问自己：“我的想法与感受是什么。”自信不是一个人趋于完美的结果，而是一个人趋于“合一”的结果。所谓合一，就是你和自己是永远在一起的，你信任自己的感受与想法，而不是在不断地思考“别人怎么想”中将自己撕裂。

我得了“第一名”，不要问：“别人会怎么想？”别人会嫉妒、别人会引以为傲、别人会满不在乎？不论是哪一种，都无法带给你真正的自信，因为即便是“别人引以为傲”，你也仍然会不安于别人何时会撤回对你的认可，况且一个需要被别人认可才知道自己足够好的人，其实谈不上自信。而是要问，“我有什么感受与想法？”感受是：开心、有成就感！想法是：为了这种美好的感受，继续努力！为自己取得的成就开心，为自己的幸福做出关于未来的决定，为自己的感受与想法去行动而不是为别人，这份巨大能量就是无法被夺走的属于你的强大自信。

再比如，我在职场遭到了打压。领导动不动就骂我能力不行、做事不够认真、态度不够端正。不要问：“别人会怎么想？错的是我吗？这件事到底有多大比例是我的问题？”不论别人是认为领导对你的评价完全正确，还是认为你的领导就是个变态，这都无助于你的自信。因为当你问别人怎么想，就是把自己当成了一个可以被评判的物体，而被评判的物体是不值得拥有自信的。而是要问：“我有什么感受和想法？”我的感受是：“愤怒、难过！”我的想法是：“我应该无条件地保护我自己，所以无论如何我都不该允许自己被别人这样贬低！”为自己的感受与想法支持自己，这就是发自内心的强大与自信了！

总而言之，想要拥有自信，不是异想天开地做“成为优秀的别人”的假努力，而是看到自己是谁，发挥自己的特质，相信自己的感受与想法。你当然需要通过“成为更好的自己”来获得自信，但是要记住，你成为的是更好的“自己”，不是更好的“别人”。

假努力

方向不对，一切白费

☼ 本节导图

假努力模式：成为别人式假努力

具体表现形式

为了获得自信努力成长，却在成为别人的路上愈发自卑

将“成为更好的自己”搞成了“成为别人的修行”。对照从“别人”演变来的理想自我，更加凸显了你的不完美，而不是完美。

解决方案

☆ 1. 接纳你的特质，看到自己的“好”。
☆ 2. 趋于合一，常问“我的想法与感受是什么”。

推荐阅读

［美］卡尔·R. 罗杰斯（Carl R. Rogers）《个人形成论》（*On Becoming a Person: A Therapist's View of Psychotherapy*）

［瑞士］卡尔·荣格（Carl Gustav Jung）《心理类型》（*Psychological Type*）

［日］神农祐树《内向优势》

不做千篇一律的“正确”，
只要独一无二的“错误”！

16 追求结果式假努力：

为美好的未来不断奋斗，可努力了这么久，未来怎么还没来

君闻有一份安稳的工作，可是因为一方面看不惯大家的无意义内卷，另一方面也不愿意就这么碌碌无为一生，所以她一直渴望通过努力改变现状，过上一种更自由而有价值感的生活。

“君闻！为美好的未来努力奋斗！”她经常这样对自己说。她的专业是人力资源管理，虽然单位没有要求，但她还是想要不断提升自己的专业能力，成为一个真正的“人才”。“我的能力提升了，自然有更好的平台可以让我发挥所长。”君闻这样想。所以，这几年她不仅努力考取了相关领域极有含金量的证书，还开始攻读知名大学的在

职研究生。听起来很“辉煌”，可是每天晚上下了班还要不断复习专业书籍、写课程作业，其中的辛苦又有谁知道呢？最重要的是，到底要什么时候，自己才能等到那个让自己发挥所长、让学历和证书发挥价值的机会与平台呢？

美好的未来来得太慢，于是君闻在自己的专业领域之外又做了很多尝试。因为有留学经历，她的英语说得不错，在自媒体上开了个人账号讲英语口语，每天更新一条是不小的工作量。虽然也收到了一些好评，但是粉丝数量增长慢，做了大半年，暂时也没看到什么商业上的出路，这难免让她内心焦急，甚至开始怀疑自己的能力。闺蜜创业问君闻要不要一起，君闻觉得机会不错，也挺有意思，于是又投身到了创业初期的忙碌与摸索中！然而长路漫漫。“为什么还是不行呢？为什么还是做不到呢？”对自己和生活的怀疑每天都在君闻心头萦绕。

从早上被闹钟叫醒，到晚上抵不住困意入睡，君闻一刻不停地在工作、学习、自媒体、创业中劳作与产出，“未来美好的生活”于君闻，就好像吊在毛驴脑袋前面的胡萝卜，无论怎么努力向前寻求，都无济于事。疲惫、苦闷、倦怠、自我怀疑、对生活的不满与愤怒，终于如暴风雨般席卷了君闻的心。

现象剖析

死盯结果与意义，每一天都活成了未曾起舞的日子

想要活出自己的价值、过有意义的生活，是每个人灵魂最深处的本能与渴望，正是被这份动力驱使，我们才“努力”生活，人类才得以生生不息。可是当我们去追求这份价值与意义，追求未来美好生活的时候，我们却常常因为盯着“美轮美奂”的结果而忽略了精彩无限的过程，因为太想要“圆满”而看到的全是“欠缺”，从而陷入了追求结果式假努力。

你一定有过这样的体验，对假期旅行期待了大半年，结果当假期真的来临时，却是太阳底下的暴晒、人山人海的排队，悔不当初地问自己到底为什么花钱买罪受。对大学毕业盼望了四年，结果当你走出校园迈入社会，却发现等待你的是赚钱的艰难、人际关系的复杂。一心想要升职

加薪，等你坐上了那个梦寐以求的位置，却发现也不过如此，烦心事倒是与日俱增。也就是说，期待远比愿望的实现更令人幸福，“未来的美好生活”当然值得追求，可是在另一个层面，它也只是一个实现了就会发现也没什么大不了的“幻想”而已，如果我们忘记了在追求幸福、价值、意义的同时，留一点时间去欣赏追求过程中的快乐、期待的甜蜜，就会陷入追求意义带来的无意义感，更会因为不断努力却走不到幸福终点的疲惫与失落，最终失去前进的动力。

况且，这种只盯着结果的奋斗模式，还会大大地放大一个人的匮乏感。当你没想赚100万元的时候，你就不会觉得自己一个月赚八千元钱少。可是当你追求富足的未来，就很容易发现自己现在的境况与理想的差距。当你没想名垂千古的时候，你就不会觉得自己平庸，可是当你追求不朽的时候，就会发现自己的不值一提。如果你能将这种差距变为前进的动力，倒没什么问题。可是现实是，我们常做的不是化差距为动力，而是化差距为“闹心”，不断自我批评。把自己搞得心烦意乱，斗志全无。

除此之外，当我们过于看重结果与意义的时候，还会因此而进入一种沉闷、无聊的生活状态，因为我们会开始只做“正确”的事情。这是当然，如果最重要的是结果，那么我最好可以找到一条最短的路去逼近它，而做“正确”的事正是这样一条捷径。所谓正确的事包括我们内心的“正经事”：学习、工作，为了实现人生价值拼命努力，也包括别人告诉我们的生活原则：如何正确地待人接物、如何才是一个上进正派人的生活状态。一方面，你在不断地做“正经事”中被物化为了一个生产工具，并产生一种被耗竭、被利用的感觉。另一方面，一切都在“正确”与“应该”中被固化了，无聊与倦怠在墨守成规中应运而生。我不知道在这份“正确”里，一个人到底要如何坚信竟然有一个幸福美好的未来，等在一个个如此艰辛与无聊的生活所堆砌的尽头。

你可以这样改变

3个方法帮助你走出追求结果式假努力

想要走出因为对结果的过分执着而造成的“不快乐”，首先我们要搞清楚自己到底为什么会对价值与意义有如此迫切的渴望。

韩裔哲学家韩炳哲在《倦怠社会》中表达过这样的观点，人之所以会不断地追求价值与意义，其实是资本主义对人剥削形式的升级。毕竟来自外部比如资本家的剥削总是有限的，可是如果一个人可以用“成功与成长”来自我剥削，那么他的价值将发挥得更加彻底。

你说这是现代经济体制运行下不可控的发展阶段也好，是“资本家为了自身利益而大力鼓吹的价值导向阴谋”也罢，然而，人为什么甘于被如此剥削呢？我更倾向于把它按照厄内斯特·贝克尔的观点，解释为死亡焦虑下对永生的渴望：如果我可以有所成就，著书立说、建功立业，我就可以名垂千古了。哪怕做不到如此，如果我可以达到人类社会普遍认可的那个“好”，我就与集体融合在了一起，也就在某种程度上获得了集体永生。

或者，我们也可以把这种现象解释得世俗一点，我之所以不断地追求价值，是因为小的时候，我没有从父母那里感到自己是足够可爱、足够好的，于是我一生都想通过取得世俗的成功，把结果甩在父母的脸上，责问他们：“我都如此好了，你为什么还是不认可我、不爱我？”

不论是哪一种解释，核心的问题是统一的，就是我们追求的美好未来、成功的结果、价值与意义，只是某种东西的替代品，它可能是永生，也可能是爱与认可。不论它是什么，都说明了一件事，就是结果并不重要，再大的成功本身也没有意义。这不是悲观，而是如加缪所说，“没意义的人生特别值得过”。因为如果你的人生从一开始就有一个固定的意义，那么你就是一个工具、一个物件，只有生产汽车的机器从一“出生”就有其意义，而你的存在与之不同。你的存在它没有意义可以追求，但是却有无限的精彩与可能性可以相遇。所以，三个帮助你走出追求结果式假努力的方法供你参考。

1. 从关注“结果”，到关注“心流”体验

既然结果并不重要，过度关注“未来的美好生活”令我们并不快乐，那么不妨将目光转回到过程上。

“心流”一词是由美国心理学家米哈里·契克森米哈依提出的，他认为心流就是一个人完全沉浸在一件事情中的忘我状态，而一个人处在这种状态下会体验到高度的满足与幸福。你一定也有过这样的体验，读一本精彩的小说而完全忽略了身边人在干什么，解一道数学题以至于忘记了吃饭，这都可以称为“心流”体验。与其痛苦地追求“美好的未来”，为什么不让自己现在就幸福地“心流”一下呢？

而且不用担心，你不会因此沉迷享乐而忘记了努力，因为“心流”可不是那么容易体验到的。心理学家研究证明，想要体验心流，你做的事情就不能太简单，太简单你会觉得无趣，也不能太难，太难你会感到吃力。你需要的是一个刚刚好突破你的舒适圈，有那么一点点挑战的

事情。这不就是“成长”的最佳位置吗？所以，当下的快乐不会影响你的前进，幸福的“心流”可以和“美好的未来”共存，每一个幸福的当下连接起来的才会是真正美好的未来。

2. 从关注“匮乏”，到关注“富足”

有意识地关注“富足”。虽然对于美好未来的追求的确会放大现实与理想的差距，让“匮乏”凸显。但是我们是有能动性的生物，完全可以主动去关注自己已经拥有的“富足”。就好像虽然天在下雨，但是我们可以撑伞不让自己淋湿；虽然事情进展不如意，但是我们可以把它变为成长的契机一样。

在这里我想介绍几个我自己常用的方法给你。首先是“睡前回顾冥想”，入睡前与其躺在床上胡思乱想，不如回顾一下你度过了多么美好的一天。早上起床，经过一夜的睡眠，是那样的精力充沛。早餐有香喷喷的包子和小米粥。上午处理了几项工作，蛮有成就感。中午有一点时间午休，听了精彩的有声小说……通过这样的方式你就会发现，虽然未来很美好值得追求，但是我的现在也同样“富足”，两者并不矛盾。带着这样的心情，你才能更有能量为未来努力奋斗。

另一个方法叫作“行走在时间轴上”。找一个有空间的地方，然后去想一想你所谓的“美好未来”具体是什么样子的？创业成功、升职加薪、获得认可，什么都可以。接下来以你开始努力的时间点为起点，以美好未来为终点，在你的脑海里或者笔记本上画一条时间轴，并想象你正站在这条时间轴上。然后先向前看一看，你会发现“未来不再遥遥无期”，你只需要走完前面的这一段路就可以了。再回头向后看一看，你会发现“原来我已经走了这么远了呀，不是我想的那样毫无进展”，只要继续像刚刚那样一步一步地向前走就可以了。

3. 从千篇一律的“正确”，到勇敢追求“错误性”

最后，则是追求错误性。从小老师、父母就告诉我们“做事不要走捷径”，可是我们到现在也没有听话。我们总以为持续做“正确”的事，就是到达美好未来的捷径了，一定要坚定不移地走下去。却没有发现，日复一日地做“正经事”“应该做的事”，你不仅在制造“无聊感”，错失人生最宝贵的财富——经验，更是在辜负自己生而为人的珍贵机会。

允许自己“错误”地看看无脑电视剧，读一读网络爱情小说，和朋友聊聊八卦，你才能体验到生活真正的快乐，而不是用一个虚无缥缈的美好未来不断压榨现在的自己，以至于失去前行的动力。

允许自己在成长的路上“犯点错误”，允许挫折的发生，你才能以此为契机获得之前从未有过的经验，并实现真正的成长。而不会因为过于想要结果，无法承受过程中的困难，以至于轻言放弃。勇敢一点，敢于冒险，没有什么能替代经验！

允许自己的人生“出错”，也就是拥有“一切皆有可能发生”的心态。允许每一天过得不一样，你才会被生命的精彩震撼，你才能敢于继续创造。而不是因为被物化、成了实现结果的工具，以至于愤怒到不愿意继续前行。日复一日的努力，看起来是前进，但是从另一个层面来说也是对“正确”的机械重复。然而，日复一日重复“正确”，这和只活了一天有什么区别呢？你活和别人活又有什么区别呢？

总而言之，追求错误性，就是给自己喘口气的机会，你不是只能执行“正确”“正经”“应该”的机器，会玩、会犯错、能折腾，这才活出了一点“人样儿”，这个时候美好的未来才真正地诱人，让你欲罢不能地想要为之奋斗。

假努力

方向不对，一切白费

☼ 本节导图

假努力模式：追求结果式假努力

具体表现形式

在追求未来美好生活的时候，因为盯着“美轮美奂”的结果而忽略了精彩无限的过程，因为太想要“圆满”而看到的全是“欠缺”，因为只做“正确”的事情，而陷入沉闷无聊的生活状态，开始追求结果式假努力。

解决方案

☆ 1. 从关注“结果”，到关注“心流”体验。
☆ 2. 从关注“匮乏”，到关注“富足”。
☆ 3. 从千篇一律的“正确”，到勇敢追求“错误性”。

推荐阅读

［美］米哈里·契克森米哈赖（Mihaly Csikszentmihalyi）《心流》（*Flow: The Psychology of Optimal Experience*）

［美］伊丝特．希克斯（Esther Hicks）、杰瑞．希克斯（Jerry Hicks）《有求必应：22 个吸引力法则》（*The Law of Attraction*）

［德］韩炳哲《倦怠社会》

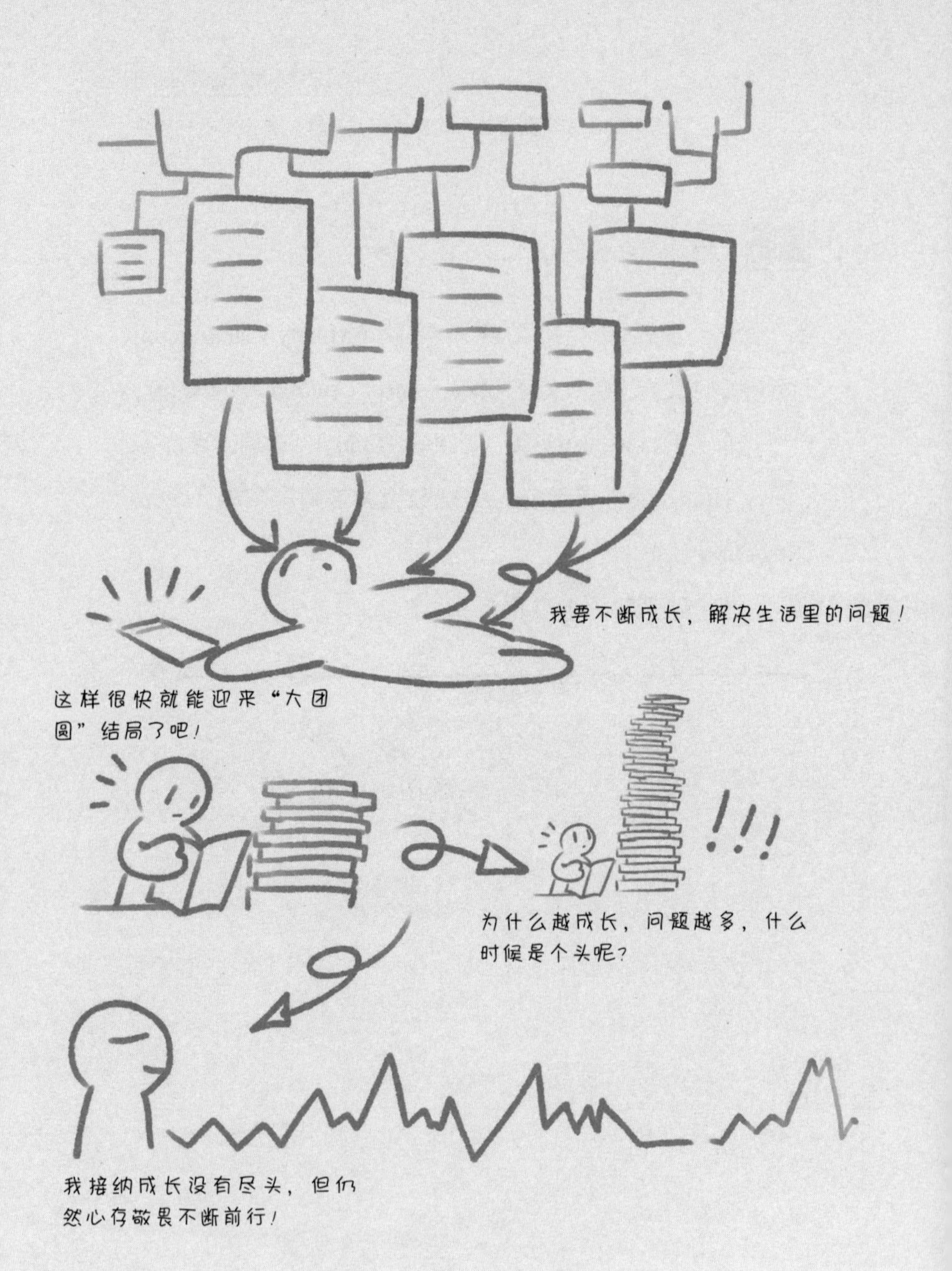
我要不断成长，解决生活里的问题！
这样很快就能迎来“大团圆”结局了吧！
为什么越成长，问题越多，什么时候是个头呢？
我接纳成长没有尽头，但仍然心存敬畏不断前行！

成长是一辈子的事情！

17 童话剧本式假努力：

为解决问题而成长，但问题一茬接一茬，什么时候是个头

沐晨最开始想要“成长”，是因为对于当时的工作状态和收入很不满意，于是奋发图强考了个证书，成功跳槽去了更好的公司。

可是到了新公司后，他发现收入是不错，平台也很好，可是上级脾气暴躁，动不动就骂人，常常搞得他精神紧张，一度怀疑自己得了抑郁症。于是，沐晨又开始学习心理学，希望能找到与领导沟通的好方法。不学还好，一学沐晨却发现，上级的确是咄咄逼人了一点，可是除了对方的问题，更重要的是自己的原生家庭问题。

沐晨有一个很严厉的父亲，在他小时候动不动就对他

大发脾气，甚至还动手打过他。这份对男性权威的恐惧一直埋藏在沐晨的心底，以至于一见到男上级自己就支支吾吾，话也说不清楚，对方自然就更加恼怒了。

于是，沐晨上了很多“疗愈原生家庭”“心灵成长”的课程，终于在一定程度上摆脱了原生家庭的影响，在新公司充分发挥了自己的能力，还得到了晋升。

然而，到了新的岗位他发现，带团队和做技术实在是太不同了，怎么管理好人很令人头疼！于是，沐晨又报了MBA课程，被“问题”逼得无处可去，不得不开始了新一轮的“成长”。

经过几年的摸索，沐晨终于胜任了新岗位，一个意想不到的晋升机会摆在了他的面前。可是突然，沐晨没来由地被抑郁问题困扰住了，心中莫名地慌乱、恐惧，觉得生活毫无意义。沐晨百思不得其解，日子过得好好的，怎么说抑郁就抑郁了。在情绪的旋涡里，他感到低落而疲惫，不仅恼怒地问自己：“我这一路披荆斩棘，可是为什么成长了这么久，幸福还是没有到来？为什么生活中的问题不仅没有解决，反而变得越来越多，越来越艰难了呢？”

经过很长时间的探索，沐晨终于找到了自己抑郁的根源。心理学中有个提法叫做“成功抑郁症”，也叫“约拿情结”，是指在一个人取得了对于自己来说过大的成功，超越了自己的“父亲”之后，会产生的一种情绪困扰。

“还真是成长的错！”沐晨在心中感到释然的同时，狠狠地挖苦了一下自己。

现象剖析

以为自我成长会迎来大团圆的结局，殊不知等待你的是“痛苦与黑暗”

对于大多数人来说，成长的原因一定是在生活中遇到了难题，认知若不提升、心灵若不成长，现在的难题就解决不了。这也就造成了一种关于“成长”的不合理信念，就是“只要我成长了，问题就会消失，幸福就会到来”。

带着这样的信念，我们不禁会对“成长”这件事非常失望，因为我们发现，生活好像有意和我们开玩笑，我刚刚通过成长解决了一个问题，随之而来又有了新问题，不论我怎么成长，“大团圆的结局”都没有到来。而且，似乎不成长还好，一成长问题反而越来越多，越来越难解决。

其实，如果你带着“自我提升自我成长的路会一帆风顺，并迎来大团圆结局”的期待，你在做的就是童话剧本式假努力，以为成长过后是“王子与公主幸福快乐地生活在了一起”，却不知道成长的尽头是“黑暗”与“痛苦”。

为什么会这样呢？其实很好理解，你遇到了一个问题，为了解决它你开始了成长，可是当你成长了，你面对的将是新的境遇，势必会带来新的挑战。就好像一个小孩子，他因为行动受限而努力学会了走路，可是学会了走路后一切问题就得到了解决吗？当然不是，他开始摔跟头。原来他不会走的时候，还不会摔跟头，可是当他学会了走路，就摔得特别厉害。并且，等到他好不容易不怎么摔跤之后，生活中的问题却变得更多了。从前无论他有什么需求，只需要大哭引来父母的关注就可以了，可是现在既然他可以自己行走了，寻找食物、拿取物品通通都变成了他自己的责任。也就是说，成长是“终身成长”，不仅没有尽头，还会像游戏打怪一样，等待你的总会是越来越难战胜的敌人。

除此之外，成长还会触发人类心灵最深处的矛盾：追求自己的独特性意味着失去与权威融合带来的安全感。人类终极的焦虑是死亡焦虑，为了防御死亡焦虑，我们努力追求生而为人的力量感、价值感、安全感。那要如何获得“力量感、价值感、安全感”呢？两种方法，一个就是努力成长，让自己成为一个非常厉害的人。另一种则是做一个弱小者，顺从强大的权威以求与他融合，就好像小孩子依赖父母一样，从这个更强大的存在处获得指导、保护，从而感到安全、力量与价值。

然而你可能已经发现了，这两种方式是矛盾的，当你不断成长追求自身独特性的时候，就是在抛弃一个又一个可以“罩着你”的权威。你会逐渐发现，父亲的见识已经远远落后于你，无法再为你做出人生的决定了，老师的经验已经远远少于你，再无法为你提供权威的指导了。然后无限的未来摆在你面前，而当你回头的时候，却发现自己已经没有什么东西可以依靠。这份茫然与彷徨，着实是令人不好受。这就是成长的代价。

你可以这样改变

从心态上进行转变

既然成长不会带来童话般的美好结局，是不是我们就该不成长了呢？虽然在前面的章节中我曾给出过一些“苦海无边、回头是岸”的建议：“不要死磕自控力了，放松一下自控力就来了！”“不要执着于让自己变得更好了，学会欣赏真实的自己吧！”然而，关于“成长”能不能回头是岸的答案，我仍然是很坚定的，那就是：“不能！”虽然成长会带来很多问题，但人是不能不成长的。

原因很简单，第一，世界在变，即使你不成长也不意味着一切都会保持现状，新的问题总会到来。这个时候，你就只能用拙劣的技能，面对生活中不断出现的新问题了。这份痛苦与无助是远比你主动成长、不断获得新技能、打开新局面的痛苦强烈得多的。

第二，虽然问题总是会来，可是你可以通过成长逐渐用不同的心态去面对它们，这本身就是其乐无穷的。比如，之前我很害怕“坏情绪”的到来，当低落、抑郁的感受袭来时，我会非常慌乱。可是通过不断地成长，我现在已经变得更能接纳它们了，因为每一次它们的到来都会给我带来新的感悟，让我更了解自己。虽然我现在还无法完全做到，但是我很希望有一天，我能期待这些“坏情绪”的到来，让它们教导我更多的事情，带来更多不可思议的觉察。

所以，我们要坚定不移地“成长”，完成心态上的转变。

1. 改变对“童话剧本”的执念，建立终身成长的信念

放弃“成长的终点是童话般美好的大团圆结局”这样的信念，建立“成长是一辈子的事情”的理念。也就是抱着一个合理的预期去自我提升，接纳“终身成长”的客观事实，这样你就不会因为生活中的问题不断出现，而去怀疑认知提升、自我超越的必要性，怀疑自己的努力与选择了。

2. 接受自身的渺小，重燃敬畏之情

重燃对世间万物的敬畏。自我成长、追求自身独特性，意味着失去与集体的融合，失去“权威”的指导，从而令人感到恐惧与迷茫。“我要作为‘权威’认证我自己所做事情的正确性，赦免自己的罪以免于内疚，这就意味着我成了‘造物主’一般的存在，而我竟然可以成为我自己的神？天呀，我可不敢，这也太不敬了吧。”

于是，你要么因为失去自身之外的主导者而茫茫然于世间行走，要么自我设阻让我自己别成长得太快，像沐晨一样在面对自我实现的大好机会时出现抑郁问题，以防止自己功能发挥得太淋漓尽致。

然而，我们完全不必如此，不必因为害怕失去依靠而拒绝成长，因为只要我们重燃敬畏之情，问题就迎刃而解了。

我们以为父亲是个农民，我当了“总经理”就超越了父亲，失去了心理上依赖的可能性，其实不然，对“父亲”的敬畏不该因为世俗身份的改变而消失。“这样一个男人竟然创造出了我”，这本身就值得敬畏。我们以为人

类超越了自然，高楼大厦、宇宙旅行，自己就失去了作为自然一部分的身份，也就失去了作为自然生生不息、自给自足能力的安全感。其实不然，自然造物之神奇，女性诞生生命之不可思议，无论什么时候都该使我们心存敬畏。

也就是说，我们之所以害怕成长会让我失去“权威”的庇佑，可能是我们把自己想得太伟大了，好像我们厉害起来可以“毁天灭地”。然而事实并非如此，这个世界上值得我们敬畏的东西实在是太多了，我们不该将他们物化为“生孩子的机器”“可供我使用的资源”，而是重燃对世间万物的敬畏、承认自己的渺小，唯有如此我们才不怕自己的强大。因为我们知道，无论我们成长到什么程度、自我功能发挥得多么充分，这些我们心存敬畏的存在，父母也好，自然也罢，甚至是“造物主”，都在某种意义上指引着我们、保护着我们、爱着我们。

☼ 本节导图

假努力模式：童话剧本式假努力

抱着“只要我成长了，问题就会消失，幸福的未来就会到来”的信念不断努力成长，但生活好像有意和你开玩笑，不论你怎么成长，“大团圆的结局”都没有到来，与之相反问题还越来越多、越来越难解决。以为成长过后是“王子与公主幸福快乐地生活在了一起”，却不知道成长的尽头是“黑暗”与“痛苦”。

解决方案

☆ 1. 改变对“童话剧本”的执念，建立终身成长的信念。
☆ 2. 接受自身的渺小，重燃敬畏之情。

推荐阅读

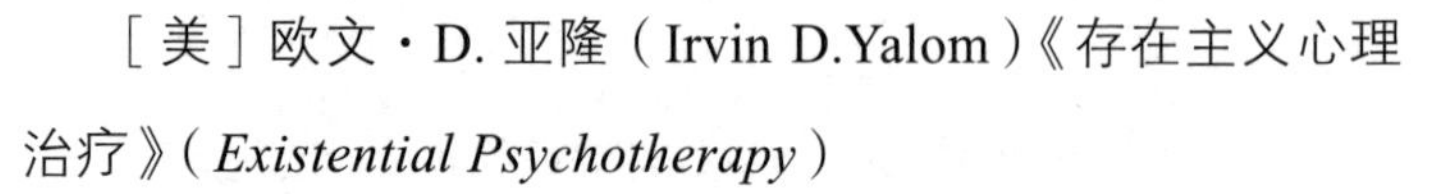

［美］欧文·D. 亚隆（Irvin D.Yalom）《存在主义心理治疗》（*Existential Psychotherapy*）

［美］厄内斯特·贝克尔（Ernest Becker）《死亡否认》（*The Denial of Death*）